身临其"镜"乔·麦克纳利的实拍现场摄影笔记

THE REAL DEAL Field Notes from the Life of a Working Photographer Joe McNally

[美]乔·麦克纳利 著　　梁波 黄琨桢 译

rockynook

人民邮电出版社

北京

图书在版编目（CIP）数据

身临其"镜"：乔·麦克纳利的实拍现场摄影笔记 /
（美）乔·麦克纳利著；梁波，黄琨桢译. -- 北京：人
民邮电出版社，2023.5
ISBN 978-7-115-60662-4

Ⅰ．①身… Ⅱ．①乔… ②梁… ③黄… Ⅲ．①摄影技
术 Ⅳ．①TB8

中国版本图书馆CIP数据核字(2022)第252441号

版 权 声 明

内 容 提 要

虽然科学技术的飞速发展使摄影器材和摄影技术日新月异，但成为一名成功的摄影师真正需要具备的性格、技能、能力等仍然是一样的。职业摄影师乔·麦克纳利在本书中分享了他在多年的拍摄生涯中遇到的趣事、积累的经验教训，以及进行的深刻思考。无论读者具备多少摄影经验，都能从本书中学到以前难以想象的摄影技巧，并且领略到一名职业摄影师既有趣又迷人的一面。

本书主要内容包括：从一名职业摄影师需要掌握的关键技能、如何运用窗光，到如何与拍摄对象建立牢靠的信任关系；从在拍摄现场即时学到的教训，到需要跟随你整个拍摄生涯的经验；从推动一名摄影师职业生涯发展的"偶然"和"幸运"时刻，到现今相机技术创造的奇迹和存在的隐患，等等。

本书适合各层次、各水平的摄影爱好者、发烧友及专业摄影师参考阅读。

- ◆ 著　　　[美]乔·麦克纳利
  译　　　梁波　黄琨桢
  责任编辑　张贞
  责任印制　陈犇
- ◆ 人民邮电出版社出版发行　　北京市丰台区成寿寺路 11 号
  邮编　100164　电子邮件　315@ptpress.com.cn
  网址　https://www.ptpress.com.cn
  北京富诚彩色印刷有限公司印刷
- ◆ 开本：889×1194　1/20
  印张：16.4　　　　　　　　　2023 年 5 月第 1 版
  字数：447 千字　　　　　　　2023 年 5 月北京第 1 次印刷
  著作权合同登记号　图字：01-2022-2045 号

定价：198.00 元
读者服务热线：(010)81055296　印装质量热线：(010)81055316
反盗版热线：(010)81055315
广告经营许可证：京东市监广登字 20170147 号

「我想象过一种生活，
然后我给它拍了照片。」

致安妮：

多年前初次与你相遇，我便为你神魂颠倒，至今仍未回过神来。爱人啊爱人，有你做伴，我便总会眺望远方……

致　谢

　　生命中，每每与一位好老师、开拓者有所交集，皆是意义非凡的时刻。对我而言，与纽豪斯学院摄影课程弗雷德·德马雷斯特教授的相遇便是其一。他沉着、睿智、思路清晰，他那咯咯的笑声至今仍在我脑海中回荡。他并非魅力四射、风度翩翩——恰恰相反，有点老古董的他常被我们学生称为"弗雷德叔叔"。但正是他的关爱、体贴，完美地引导了许久以前他的某位研究生那无知却傲慢、缺乏经验而又愤愤不平的自我意识。

　　我主修写作，按规定不能参加任何高级摄影课程。弗雷德为我破了例，换作他人，早已将我拒之门外。他录取我进入研究生阶段摄影课程学习，而其时并无任何摄影方面的证据表明录取我最终会有成效。

　　对于学生杂乱无章的想法和冲动，他的引导行之有效。每次离开他的办公室，我都会有新的方向和目标，并会对自己竖起大拇指："我能想到这点真是太好了！"

　　他的批评直接、冷静。他明白在得到好作品之前，糟糕的作品不可避免，也会在我的各种无能表现中挖掘出证据，证明我还值得培养和鼓励。他不会将人击垮，而会让人安心。他会跟你说，没事的。

　　那便是弗雷德。在临终关怀医院探望他时，我们好好谈了一会儿。他跟我说："乔，我不怕。真有问题之前，我都没问题。"这是他的原话。

　　在他快走到生命尽头的时候，我为他拍下了这张照片（对页）。这只是我对他微乎其微的感谢。他教会我什么是光圈和快门速度，也教会我冷静、善良、耐心（这些特质多年后才真正在我身上扎根）。

我很想念他。他是我的老师，也是我的朋友。这本书能够面世，全靠他对我的宽容。

弗雷德（我怀疑他挺高兴地）将我及整个摄影课程交付给了托尼·戈尔登——另一位与弗雷德同样优秀的教师。像弗雷德一样，他待人宽容、善于引导，既关心他人，亦乐于传授知识。他在弗雷德之后管理了整个部门许多年，部门也在其指导下蒸蒸日上。我们成了一家人，而他对摄影与教学的无限热情至今仍影响着我。

我的学业、年轻人的焦虑，还有一些阴差阳错让我来到了纽约——相机在手，目光殷切。在这里我遇到了影响自己一生的诸位导师。人数众多，无法一一提及，但重要的是，我幸运地遇到了这些盖世英才。他们对自己的技艺信心十足，亦丝毫不吝

于与人分享。

丹尼·法雷尔（左下图）。"孩子，茄子！"

杰伊·梅塞尔（上图）。"光线，姿势，色彩。"基本概括了全部。

太多人啦！卡尔·迈登斯、戈登·帕克斯、埃迪·亚当斯、玛丽·埃伦·马克、保罗·富斯科、戴夫·伯内特、玛吉·斯蒂伯、沃利·麦克纳米、约翰·怀特、比尔·埃普里奇、马克·克滕霍芬、阿里·埃斯佩尔、尼尔·莱费尔、汉克·摩根、卡罗尔·古齐、马修·乔丹·史密斯、丹尼斯·麦克唐纳、阿米·瓦伊塔尔、布赖恩·兰克尔、迪安·菲茨莫里斯、比尔·弗雷克斯、鲍勃·马丁、金英喜、海因茨·克鲁特迈尔……每一位都技艺高超，也都乐于分享。

图片编辑。他们的任务是在恰当的时候给你合适的工作，然后将得到的照片引导到公众的视线中。他们往往默默无闻，吃力不讨好。他们引导、批评、推动、要求，寄望于能有人明白他们缘何失望。冷静是优秀的图片编辑的必备素质。你可能会为一张照片经历地狱般的痛苦，而他们的工作是把你的痛苦放在一边，认真考虑你是否为照片注入了情感、影响、信息和图形逻辑。换句话说，是的，你在现

场千辛万苦才得到这张照片，但它有用吗？

精于发现并提出这一关键问题的图片编辑们对我影响至深。拉里·德桑蒂斯、伊莱恩·拉丰特、约翰·洛恩加德、梅尔·斯科特、博比·伯罗斯、梅井元、汤姆·肯尼迪……这些人极其擅长将摄影师推向下一层次并发现拍摄中令人意想不到的优点。他们不仅为你推开了门，还顺手为你打开了下一通道走廊的灯。

尤其是吉米·科尔顿。对许多陷入困境的摄影师来说，"吉米叔叔"永远不会忘记自由职业那清苦、孤立、不容出错的本质，并一直支持着在实地作战的摄影师。《新闻周刊》给我的第一批重要国际任务中，有个任务是拍摄20世纪80年代初约翰·保罗二世返回其祖国波兰的画面，吉米便是当时的编辑。时至今日，他仍然是我的编辑。就在写这段话的时候，我正在收拾行李，准备为祖玛出版社进行东京奥运会的拍摄。

然后是比尔·道蒂特。比尔曾任职于《国家地理》杂志。我们有过许多次冒险，都表现出色，也一致认为处事不能过于认真，这种态度有点不太积极。至少在当时，一切都得认真、严肃地对待，因为手头的任务非常重要。

在准备关于人类大脑的报道时，我们给国家地理学会总部留话说我们去了国家精神健康研究所的研究图书馆，而实际上是去看了《侏罗纪公园》的首映（上午10点）。一回到办公室，比尔就脸色苍白，因为他看到上司发来大量信息，上司用越来越愤怒的措辞要求知道他的行踪。当时的编辑大多都很不耐烦，尤其在午饭后。由于我们的说法是去了国家精神健康研究所的研究图书馆，我们就坚持没

有改口。

这里的照片（上图）没有显示出合作感（纯粹开个玩笑）。比尔总会让我说出自己的想法，并很好地听进去。而且幸运的是，他不会受我们之间的友谊干扰，也不会因我不靠谱地阐述某张照片的重要性而动摇。他会毫不犹豫地警告我可能的后果，或者驳回我喜欢的不切实际的照片。在《国家地理》杂志社任职期间，我们共编辑和制作了11份报道，其中包括该杂志的第一次全数字报道，那是个受人瞩目的项目，我们压力很大。他是我的好朋友，也是一位伟大的编辑。

多年来，每逢12月，我们最亲爱的朋友、工作室经理林恩·德尔马斯特罗都会在她家举办一场Abbondanza（直译过来是"富足"的意思）。这是工作室的朋友和家人可以真正喘口气的时候，也是庆祝在自由职业这根绳索上又稳稳地站了一年的时候……又成功了一次，这从不是板上钉钉的事。

我们是一家人。林恩用她的爱、信心和稳健的商业头脑与生活智慧，稳稳地掌着舵。凭着善良和

耐心，无惧障碍与逆风，她让麦克纳利摄影公司走上正轨并持续向前。安妮则以她无限的创造力和对信息关联的敏锐眼光引导我们的社交媒体和营销工作。她俩无数次地将我从疯狂的想象中解救了出来。还有那些"迷失的男孩"——我们都这么称呼他们——即便他们已经各奔前程，也永远是我们心中的一部分。卡利在超过10年的时间里从实习生晋升为小组组长，他正在寻求一条摄影之外的道路。布拉德·摩尔、德鲁·古里安、乔恩·科斯皮托、迈克·格里皮和安德鲁·托马西诺都成了视觉叙事者，有着光明的未来。而他们从不给我们打电话！也从不给我们写信！

玩笑而已。我们仍保持着亲密的联系。除了血汗和眼泪，摄影还需要心、思考和精神。我们仍然是一家人。怎么可能不是呢？

说到家人，我有两个一直无比亲密的姐妹：凯西和罗斯玛丽。有她们是我这辈子的福气。我还有3个结拜兄弟——尼康的迈克·科拉多和林赛·西尔弗曼便是其中之二。我们基本从出生起就是"尼康家族"的一员。还有一个是大块头杰夫·斯奈德。我一直在杰夫那里购买相机。他们一直在我身边，我们既是兄弟，也是摄影伙伴，我们的关系就像相机和闪光灯一样，至今依然如此。我们一起经历过许多冒险。

在摄影教学社区，我也有一个"家庭"。多年来，我与研讨会的许多参与者都保持着联系并成了挚友。这个家庭的核心是丽莎·波利蒂和阿里·埃斯佩——漂亮女孩和街头男孩。完美总结。

圣达菲门罗画廊的锡德和米歇尔·门罗夫妇也是我的挚友，他们是摄影的忠实捍卫者。很自豪能成为他们画廊的一分子。

摄影行业可谓是一个微小社区，满是互相支持、充满热情的人和企业，没有他们，摄影师将不知所措。我很幸运在尼康、尼康英国、丽图徕、曼富图、捷信、保富图、Capture One、Maha、Tether Tools、Adorama、Grays of Westminster、Printique都有许多朋友。没有他们的建议、忠告和产品，照片制作将无比艰辛，难以前行。这些摄影企业在青年人才培养方面也做得很好。

丹尼尔·诺顿、托德·奥杨、塞思·米兰达、查米·培尼亚、埃利·拉塞尔、M.D.韦尔奇和奥德丽·沃拉德便是我们这互相扶持的微小社区培养出来的优秀年轻摄影师的代表。

还有本书的编辑，Rocky Nook出版社的特德·韦特。本书的出版合同实际上是几年前签订的，他也乐意由得我满世界乱逛并承诺某天会奋发图强地开始打字。他耐心、平静、幽默，是位出色的编辑、优秀的朋友。

还有安妮，我的妻子。与安妮携手生活令我无比幸福。身为摄影师，生活、呼吸、观察、拍摄、教学和写作都必须出自内心，而知道有她在旁，我无比心安……一直如此。

目 录

第 1 章
信仰之跃

有趣的是，这个脆弱而又古怪得恼人的职业，却能赋予最简单的事物以生机。一声嘀，一声嗒，一个时间，一个地点，一个问题，一次谈话。相机前的那一瞬间，头、心、眼和右手食指完美契合。此情此景非"随机"所能描述，但我也想不出更贴切的词，就还是它吧。

1976年，我为了成为职业摄影师而跑到纽约。带着无知年轻人典型的狂妄与傲慢，我曾以为凭着迷人的个性、那可怜兮兮的初级摄影技能以及使不完的干劲与热情，会让自己被接纳，甚至大受欢迎。

然而并没有。

作为纽约雪城大学纽豪斯学院培养出来的又一位准摄影记者，我沿着17号公路向南行驶，决心在纽约成为一名摄影师。我对美国小镇不感兴趣，认为城市才是我该去的地方。也许是受从小看的电影影响，比如《法国贩毒网》和《冲突》，我喜欢沙砾、混凝土、灯光和城市里24小时的轰鸣声。尽管从没在那儿待过，但我知道那是我唯一想生活的地方。我迫不及待地想拿着相机站在那片混凝土上，然后有一家经常光顾的咖啡店。我喜欢把交通的喧嚣声当作摇篮曲并安然入睡，甚至地铁刹车的尖锐噪声也是一种音乐。在纽约，我可以独自面对自己内心的动力、焦虑与不安，可以专注于摄影。相信我，如果你想独处，就该去像蚁山一样挤满人的大城市。

只是有个生计问题。

初到纽约时，我毫无经验，就好比一棵生菜，天还未亮就已经在冷风中被运到著名的亨斯波因特市场——多数农产品从这里被输送到大城市。

我既没有任何经验，也没有受过任何教导，一无所知。无论生活或镜头，一眼望过去，尽是我不了解的东西。电影就只是电影而已。实情如何？我很害怕。

我搬进了母亲在纽约北郊韦斯特切斯特区的房子，开始每天进城找工作。我清楚住在她那里不是长久之计。一提到市中心房租有多高，她就看着我，一如既往地夹杂着不满和冷冰冰的爱意说道："别想着一直住在这儿。"

第一批求职目标包括位于西72街的西格玛新闻图片社。西格玛是一家国际新闻图片机构，经营者为业内女强人埃利亚内·拉丰特。她坚强、聪明，很有交际能力。通过与同是雪城大学毕业的肖恩·卡拉汉的简短交流，我得以见到她。肖恩是作家、编辑、兼职摄影师、全职企业家和讲故事的高手。他极其热情，乐于助人，是雪城大学那些愁眉苦脸的毕业生到达这座城市时停靠的"车站"。他给了我几个名

字和电话号码，埃利亚内就在其中。我给她看了我的标准11×14黑白出血版作品集。她看着桌子对面的我，就像看着要调味或还得在烤箱里待更久的没熟的一盘菜。"如果你来纽约，我会用你的。"胆怯的我愚蠢地没有回去找她。

至少是没有马上回去。在职业生涯开始很久很久之后，我还是加入了西格玛，经营者还是埃利亚内，她当时甚至变得更令人敬畏。西格玛搬到了位于西57街更大的办公室里，对面是著名的贵得可怕的俄罗斯茶室。我这个"土包子"曾邀请埃利亚内共进午餐，并决心付账以给她留下深刻印象。我叫服务员买单，自信地展现自己的地位和熟练。埃利亚内笑了，告诉我已经结账。"亲爱的，不用管账单。我在这里有个账户。"唉。

但在1976年那段时间，我连在街头小贩那里买热狗和可乐的钱都没有。事情不太顺利。儿子这个包袱的折回，已经快将我母亲那丁点儿的耐心消磨殆尽。我迫切需要赚钱。然后我想起了母亲的邻居查克·克兰费尔特，他的整个职业生涯都在《纽约每日新闻》工作。

我从没想过查克会是我的贵人。刚上8年级时我们搬到了他隔壁。对我来说，他只是个上了年纪、有点爱发牢骚的邻居，并因为他种的玫瑰比我母亲种的更娇媚、鲜艳而激怒了我母亲。

我们搬到他隔壁，是因为母亲一直在拼命寻找一座她喜欢的房子，要有个干燥的地下室和足够大的客厅来摆下她那张看得比儿女还重的东方地毯。我父亲换过不少工作，所以我们不停地搬家，我也不停地转学。8年级是我文法学校生涯的最后一站，此前我换过5所不同的学校。

如果用压力表来描述情绪，搬家的经历几乎把母亲的指针固定在了红区。她随时会大发雷霆，查克的玫瑰让她的阀门变得更紧，而我只是在适应自己又一次成了新来的孩子。意外的是，这是我们最后一座房子。母亲在那里待了很多年，我完成了所有学业，她则一直住在那里，用蛋壳做实验。

我和查克相处得不错。我没有经常把球打到他的院子里，偶尔也顺手从冬天的雪地里捞他一把。时隔多年，我去隔壁向他咨询纽约新闻业的问题，他说："去找埃迪·奎因吧。"

坐在纽约最大的小报纽约每日新闻的编辑部经理埃迪·奎因对面，我非常紧张。在"纽约的图片报社"找工作似乎是最佳选择，但我真的不懂如何找工作，也基本不懂如何拍出好照片。另外，我很胆小。拜那一代代习惯挥舞戒尺、凶狠无情的老师所赐，我仍然对老师有着深刻、持久的恐惧，这种恐惧已经渗入骨髓。我逢人必称"先生"。我害怕失败，更怕冒犯他人。

我蠢到没听出他是在说服我拿下这份工作并加入报社。当然，他接受的是老式教育，但他敏锐地观察到，新闻业的未来不会留在那些披着风衣、戴着软呢帽、拿着台 Speed Graphic 相机、开着闪光灯进行一次曝光就完事的摄影师手中。公众要求更细致入微、制作精美的报道，例如时尚报道之类，以及能感动和震撼人心的图片故事。芝士蛋糕和地铁站台上的奇闻这些小报曾经的头条，已未必是今日的主旋律（不过当然它们还有市场）。

我结结巴巴并不确定地拒绝了他给我的报社送稿人工作。太小看我了，我这么想。我要当摄影记者！要知道我可是个大学生！（我也蠢到没意识到

自己态度傲慢。）埃迪这位在纽约报界浸淫了40年，头发花白且聪明睿达的地道爱尔兰人歪着头看着我，眼里带着一丝厌倦和会意。

他漫不经心地抛出了一个关键问题。他问我有没有读过最新一期的《编辑与出版商》——报纸行业的权威刊物，这上面有个"职位空缺"栏目。就好比律师在提问前就知道了问题的答案一样，埃迪平静地细读了一下那些招聘广告。"乔，我们来看看，"他说，"伊利诺伊州坎卡基市招聘摄影师。"

他放下杂志，透过镜片看着我，表情大概是在说："自以为是的笨蛋，想要这样的工作是吗？想待在某个穷乡僻壤，去拍一些家长会、剪彩和某位麦太太最新最好的玉米面包食谱的照片？"当然他有礼貌得多。他只是说："乔，你想去坎卡基工作吗？"

接下来的一周，我便开始上班了。

当时我搬进了一个相当邋遢的地方，在曼哈顿上西区百老汇74街上的灯塔酒店。我的公寓是个只有一扇窗户的狭小房间，往下可以直接看到灯塔剧院的屋顶——那种典型的旧屋顶，上面有一层厚厚的银色油漆。我敢肯定它为剧院挡住了大部分的雨，而它对我的公寓干的事情就是把阳光直接从我的窗户反射进来。记不记得小时候我们会在炎夏拿着放大镜把阳光聚成灼热的细小光束，热到能把树叶点着？我的那间公寓就是那片树叶。

坦白说，回想起那个小地方，我还有点喜欢。父亲和我一起刷了漆，那也是我们最后一次一起做一件事情。在那之后不久，他抽了一辈子的无过滤嘴骆驼香烟便带走了他。说实话，能获得《纽约每日新闻》的工作机会，准确来说是在纽约成为一名

摄影师，要我睡人行道都行。

某些晚上情况甚至还会升级。在过热的黑暗中，我躺在那儿，窗户大开，床随着下面剧院舞台上表演的节拍跳动。好多个晚上我起床撒尿时，脚踩在地板上都会发出"嘎吱"一声响。这代表我踩到的不是那张破地毯，而是一只在黑暗中窜来窜去、有豪华轿车那么大的蟑螂。

酒店的位置很好。一楼有间咖啡店，巧克力甜甜圈便宜又美味。街上有家麦当劳。那时巨无霸汉堡大概是1美元，薯条50美分，汽水可能是25美分，Calzones超级便宜且饱腹。传说中的72街地铁站就在两个街区外，不过得穿过针筒公园才能到达。如果能毫发无损地通过公园，坐地铁只需50美分，并且72街地铁站的地铁是快车！我可以很快到达时代广场，然后跳上班车去中央车站，那里离著名的纽约新闻大楼只有两三个街区，露易丝·莱恩、克拉克·肯特和吉米·奥尔森（漫画《超人》里的3个角色）都在那座大楼里上班。

大楼大堂里是著名的地球模型——装饰艺术的杰作——庞大、闪亮，直到今天仍每天24小时不间断地在大堂中央旋转。据说，这个多年来已经成为旅游景点的奇妙地球模型曾被用作拍照道具。当时有两位老派的《纽约每日新闻》摄影师负责制作某种插图照片（这不是他们的强项），要表现俄罗斯人用人造卫星将一只狗送入太空轨道的场景，于是两位摄影师开始思考，他们在当地旅馆喝得东倒西歪，显然他们在那里与两位空姐进行过交谈。两位空姐住在都铎城——新闻大楼的隔壁，按照当时的习惯，她们和许多其他空姐共用一套小公寓。一帮室友养有一只小狗和一些金鱼。其中一个摄影师的行李箱

里正好有一根钓竿和一些其他钓具。没过多久，小狗就被放进鱼缸，一位摄影师站在梯子上挥舞着钓竿，小狗就这样在空中飞翔。我敢肯定照片本身并不稀奇，但这即兴创作值得加分。

如果上的是下午班，我会很晚才出来，享受晚上10点过后的折扣，地铁和公共汽车都是半价。我会跳上104路公共汽车，它在《纽约每日新闻》前面有一站，在我的公寓前又有一站。全程只需25美分。考虑到第一年的生活开支，这很重要。我一周挣150美元，不过出于某种原因，经过联邦政府、州政府和市政府3道关卡之后，到手总共是109美元。

晚上我喜欢乘坐地面交通工具回家，不是因为安全问题，而是为了其中纯粹的戏剧感。你看过25美分的电影吗？它大概就是我乘坐的公共汽车被堵在时代广场时的样子。第7大道和第8大道之间的42街那长长的街区就是剧院的中心，20世纪70年代城里那种喧闹、潮湿、肮脏、危险的剧院。街上的所有人都汗流浃背，在路灯病恹恹的绿色和影院看板炽热的霓虹灯光下闪着光，影院看板上显示着电影名称，如《琼斯小姐内心的魔鬼》。我被这一切吸引，为之着迷，同时也感到害怕。

　　那是电影《出租车司机》的时代，主角特拉维斯·比克尔说得很准确："这座城市就像是敞开的下水道。"破败的街道上满是垃圾。蒸汽从脚下勉强断续运行的老旧地铁中排出。

　　要明白，这一切都发生在奔腾的20世纪80年代之前，随后华尔街成了这座城市发展金融的北极星，以"无尽贪婪"这一美丽而致命之吻被唤醒。与20世纪70年代相比，现在的曼哈顿已经面目全非。

多数时候如此。但也有那么些夜晚，随着时代广场的刺耳声音渐渐消失，我坐着公共汽车沿着第8大道向北驶向荒凉破碎的上西区，又回到自己那狭小空间的黑暗与热浪之中，然后我会坐在床上哭起来，脑海里重又浮现出埃迪·奎因那句话："你想去坎卡基工作吗？"

当然不是坎卡基

送稿人坐在"长椅"上，等候召唤，就像排队打出租车一样。有些编辑坐在半圆形桌边，嗓音沙哑地喊："稿件！"有些编辑则大叫："来人！"

送稿人的生活并不容易。你得受许多守旧的编辑的摆布，而他们也有意让你受苦。他们还会用羡慕又怨恨的眼光看着你——你的年轻和你那没有凸起的肚子。

他们当中的大多数人大概在肯尼迪执政期间就已经江河日下，而他们也接受了工作日受编辑们欺凌的生活，我怀疑他们在家也没多少区别。

"稿件！"的喊声会在新闻编辑室的各个角落响起，并随着截止日期的临近变得愈发尖锐、紧张。杂乱的办公桌中间放有各种长椅，供那些不停狂叫的抄写员使用。在截止日，送稿人的工作便是把稿件从一个地方搬到另一个地方，从桌子中间"狭缝"里的编辑手上拿走稿件然后送到桌子"边缘"。文字编辑们都削尖铅笔，然后纠正语法、拼写错误和一般语言用法。编辑过的文章会被送到6楼排字房，被"锻造"成铅字，再加上油墨，就成了第二天报纸的内容。

送稿人还要负责撰写标题。

有些召唤可能只是要杯咖啡："小伙子，加奶、加糖，再加个软面包。"然后我就去餐厅把它们买回来，和零钱一起放在他们的桌子上。有时他们一言不发，埋头在打字机上疯狂敲打。我偶尔在准备走开的时候，可能会听到一声"嘿，小伙子！"转过身去，他们会递过来一枚5美分的硬币："给你的。"

考虑到当时的财务状况，我便收下了这5美分。这其中还有个影响我日后摄影费的讽刺故事，不过亲爱的读者，日后再说。

有些任务则更具冒险性，比如在截止日跳上一辆无线电通信车去找某个摄影师拿一个胶卷袋。当时，《纽约每日新闻》有近60名全职摄影师，还有大量配备无线电的车辆，这些车辆载着摄影师们到处跑。我会在休息日跟着摄影师出门，只是为了学习。无可否认，我学到了不少东西。

我曾经和吉米·麦格拉思（挺好的年轻摄影师，可惜在职业生涯早期英年早逝）一起开车出去执行任务，他收到消息，公园大道60～70街有人出事。他开车使劲冲，在车流中挤来挤去、闯红灯、超车、不停按喇叭。我问："伙计，干吗对这个这么紧张？"他答道："公园大道60～70街，伙计，那可能是个有钱人耶！"

吉米那天拍的事件照片没有上报。我们尖叫着冲到那个街口，那人已经没救了。这是我接触过的第一具尸体，令我毛骨悚然。我只好转身走开。

当然，有关我神经脆弱的消息旋即在和那条人行道一样无情的新闻编辑室里传播开来。有个摄影师来到我跟前："嘿，我们去吃午饭。一起吗？我想来个美味多汁的汉堡包，哇，原汁原味。"有点过分了。

还有些任务就很古怪。"去第3街的达戈斯蒂诺商店帮凯·加德拉买点杂货，然后带去她的公寓。"没骗你。她是位超大号身材的电视评论家，很出名，所以有底气让送稿人来分担她的行动不便。好几袋东西。我其实挺喜欢这任务的，因为她会给我1美元。

对我来说，最好的任务是被派去洋基体育场取摄影师的胶卷，如果是在布朗克斯的重要比赛就更棒了。我会在中央车站跳上4号线，一直去到第161街的体育场。这座体育场是个宏伟但日渐老化的历史宝库，20世纪70年代已经开始衰败。在那里，我对丹尼·法雷尔有了更多了解。他当时是纽约新闻摄影师协会的元老，虽然有其他摄影师拍胸脯比他拍得更响，但丹尼凭照片说话。坚韧、好胜、精明，丹尼未尝败绩。

他会把我拉到一边为我指点迷津。拍摄棒球他会用尼康F2和尼克尔400mm f/5.6镜头，并用电工胶布在镜头筒上为本垒板和二垒做标记（可以把这看作早期的自动对焦）。偶尔，出于对自己的信心和对比赛的了解，他会让我拍一两个击球手。有一次，他看见我把焦点放在二垒上并偏离了他做的标记，

便马上问道："小伙子，你现在对焦清楚吗？""不清楚"，我解释说，"我只是在试试镜头的缩放，这对我来说是新玩意儿。"他点点头，"好吧，因为我看到你的焦点偏离我的标记了，我还在想，嗯，你有双年轻人的眼睛。"多年后我才完全理解这句话的意思。

去洋基球场，尤其是在白天有比赛时，对送稿人来说是份美差。你必须等待重要的事情发生——在棒球比赛里这可能需要一段时间——之后摄影师才会把他们的Tri-X胶片装进袋里，草草写上标题，然后交由你乘坐地铁送回报社。这意味着你可以跑到媒体包厢吃根热狗、喝杯可乐，然后坐在摄影师后面，沉浸在棒球大联盟的声音、气味和景象中。伴随着人群几乎察觉不到的快速呼吸声，球棒的敲击声在空中回荡，电光石火般的打击过后，上万人

瞪大眼睛，伸长脖子，凝神屏息，盯着球的走向。然后，也就是棒球比赛中的惯常情况，啥事也没有，因为球出界了，人群中又恢复了赛事中段的嗡嗡声，"嘿，来杯啤酒！"的声音此起彼伏。我太爱去这些球赛现场了。

但也不总是这么悠闲。有重大赛事时，掌握照片资源的《纽约每日新闻》会全力出击：两条界外线旁各有一位摄影师，中外野也有一位，还有一位在上面掌握"上帝视角"，这指的是头顶上方的报道位置，因《纽约时报》的厄尼·西斯托而广为人知。他因操作"大贝莎"（Big Bertha）而闻名，那是4×5画幅相机年代的一台巨型长镜头相机，他会在拍摄的有利位置摆动着那台"巨炮"——大贝莎原本指的就是巨型火炮。对送稿人来说，这些赛事是场马不停蹄的高速马拉松，你必须跑到所有的拍

摄位置，收集胶卷袋，然后去找到一位信使，他通常骑着摩托车赶去冲印房。这与今天的体育报道大相径庭，如今在现场的摄影师用以太网电缆连接到终端，编辑们坐在终端那里就能看到摄影师拍下的图像。

中外野位置的摄影师是文尼·里尔（Vinny Riehl），他姓氏的发音与"real"的发音相同——这挺不幸的，每当他讲述故事时，所有工作人员都会看着他，然后疑惑地歪着头说："真的吗，文尼？当真（for real）？"待在记分牌和看台下面颇为孤独。这项任务其实并不令人羡慕。摄影师会使用1000mm，最大光圈为f/11的镜头，拍摄每一次挥棒。没错，每一次挥棒。因为每一次挥棒都可能是全垒打并决定比赛胜负。这项任务相当于为有线卫星公共事务电视网报道一次委员会会议。摄影师必须在所有无关紧要的絮叨中保持警惕，并将所有内容拍摄下来，要知道，若是委员会主席被受拥护且无礼的观点激怒而越过桌子并一拳揍在证人身上，

那就有意思了。

　　这也是艰苦的体力活。文尼必须把那该死的大镜头和庞大的三脚架拖到外面。那时候镜头结构并没有现在这么先进，现在可以用轻便的复合材料让一大块镜头方便地移动。想当年，1000mm的镜头就像是一大袋砖头。被派到这个位置的摄影师都懂得个中窍门，每个赛季他们都会在记分牌下面的空地上放上一条链子和煤渣砖，在那里不会有人踩到或注意到这些。他们用链子钩住三脚架，然后把煤渣砖挂在上面，以保持镜头和三脚架的稳定。

　　在"十月先生"雷吉·杰克逊的时代，如果能拍到本垒打的那次挥棒，则回报颇丰。他在旧体育

场的灯光和压力下的那些本垒打表演可谓传奇。每当雷吉拿起球棒,体育场里每台相机都在狂响。

丹尼在那些大赛的压力下茁壮成长,同时保持着一贯的幽默,也不忘与报社摄影师斗嘴。某次世界系列赛期间,我去取丹尼的胶卷袋,他向我眨眨眼,然后告诉我下次去中外野时,就"告诉里尔,办公室来电话了。他的东西太棒了。"

那些都是送稿人的巅峰时刻。大多数时候送稿人是苦力,搬报纸、四处跑腿,和其他跑腿人坐在长椅上,哀叹着《纽约每日新闻》这样的报社缺乏上升的机会。因为在你爬上去之前,总得先有人腾出位置。

和我同坐一张长椅的许多伙伴都在等待写文章并成为记者的机会。我当时在焦虑地等待一个所谓工作室的空缺。那是间照片冲洗房,3台Versamat胶片冲洗机四五分钟就能将一卷胶卷暗盒里曝光的

Tri-X 胶片处理成固定的黑白负片，而不需要将胶片浸泡、挂起、晾干再制作相版。编辑们非常擅长读取机器直出的负片。不出 10 分钟，《纽约每日新闻》的冲洗房就能将一卷未冲洗的曝光胶片变成一系列处理妥当并带有标题的照片。

胶片从 Versamat 胶片冲洗机顺利出来后（无法保证百分百成功，"胶片粉碎机"这绰号可不是白叫的），会被放进长长的玻璃纸里，然后被带到放映室。编辑们会把负片投影在屏幕上。这是个能立即确认照片质量和清晰度的好方法。照片序号会被喊出并记下，然后全部被装入不透光的盒子送进印刷室。菲尔·斯坦齐奥拉是编辑奇才，也是我遇到的最善良的人之一。他喜欢照片，能够瞬间从中发现一些吸引他的奇奇怪怪的东西，这些东西你在拍摄时甚至都未意识到。我有次给他看了一张夏季中央公园的照片，照片里公园弯曲的街道上，一群骑车的人从我身边经过。我没觉得照片怎么样，但他很喜欢。

即使只是送稿人，我也经常把自己的照片带上。很多报纸几乎都会采用一张街头特写，这通常被称为"天气 rop"（发音同"rope"，是"run of paper"的缩写，意为"由编辑随意决定刊载位置"）。这是一种填补空位的实用技术，很多报纸称之为"野性艺术"或"开拓活动"，没有任务在身的摄影师会去拍摄他们能发现的一切。在我这儿，暴风雨和雪颇受欢迎，还有热浪、春天的花朵，等等。我急切地想在报纸上刊登照片，不仅是为了声誉。因为我不是全职摄影师，我的照片会被归为自由摄影作品，所以即便我在报社有全职工作，他们也会每张照片付给我 25 美元。考虑到我的周薪也就 100 美元出头，在报纸上刊登一张照片，就等于可以拥有一张电影票或在 Louie's East 店里多喝两杯啤酒了。

尽管曾经很绝望，我也从未像一些老派摄影师那样偶尔会走极端。曾经有一张很好的春日照片差点被放上报纸头版，照片拍摄的是中央公园南端沃尔曼溜冰场上的溜冰者。照片为广角镜头拍摄，镜头前面是春回大地之时绽放的花。真好看，我说。然后有人指出，曼哈顿唯一有樱桃树的地方，是东河边上 42 街外的联合国广场。最终，摄影师承认是他跑去联合国广场偷偷锯下了一根枝条，带到中央公园，然后一只手举着它，用广角镜头透过它拍摄嬉戏的溜冰者。

照片是好，但是不真实，《纽约每日新闻》负责任地没有把它刊登出来，即使照片拍得很漂亮，真的让人很想发表。这让我想起新闻界的一种说法，当碰到一个非常耸人听闻、可爱或令人心痛的故事时，你会迫切地希望它是真的："太美好的事，往往经不起核查。"

那间冲洗胶片和制作照片的工作室是我的目标。我必须等待。作为送稿人，我绝对还是个男孩。作为工作室学徒，我也还是个男孩。等到作为成熟的全职员工拿着相机走上街头，我才算是一个男人。这是个非常守旧的过程，与才华无关。你一头扎进了这论资排辈的制度中，就得排队。这个制度让纽约的街道上产生了一些优秀人才。丹尼、基思·托里、迈克尔·利帕克、吉米·加勒特——这些都是出色的摄影师。但也正是因为这个制度，有些人会径直走进一辆无线电通信车，然后把无线电关掉，溜进一家酒吧，或者躲在东河大桥附近罗斯福大道的高架区域打盹儿。

照片桌上的领导们偶尔会要求摄影师提供"房产照"。这指的是拍一张工作地点所在地的建筑或街道的照片。如果摄影师不想费这个劲，他们可以说拍摄被拒绝了。照片桌上的领导们则会说："拍张真的房产照回来。"这可以确保被命令的那位摄影师真的去工作了，而不是躲在一家阴暗、安静的酒吧里。

这里在许多方面都有先例。大多数负责报社招聘的领导都是文字工作者。对他们而言，摄影是一门黑暗艺术，他们虽然不是很能理解，但也认为摄影有存在的必要。他们对文字的重视远远超过照片，即使报纸的绰号是"纽约图片报"。作为一名记者，你必须能够写作和发现故事。有头脑，就会被重视。正如丹尼曾经跟我说的："会写作，他们就让你当记者。有驾照，他们就让你当摄影师。"这种做法导致摄影师队伍鱼龙混杂，因此领导们偶尔要求他们来张房产照。

升迁

终于，我升职了。之前在工作室的迈克尔·利帕克被派往外地做摄影师，这便创造出了我梦寐以求的职位空缺。

我以为我的生活已经稳定下来：我已走上正轨，在工作室待一段时间，之后一有职位空缺，就能成为摄影师，成为一个真正的男人。这是工作室里所有学徒的目标。我们的迫不及待几乎毫无掩饰。全职摄影师的日程表都会贴在工作室的布告栏上，我们会仔细研究，使劲儿看有谁可能请了病假。"他病了？真的？有多严重？"

我太想成为摄影师了，以至于当时都不觉得自己的做法很恶劣。

实际上，我当时对我在工作室的工作还是很满意的，并且我会去钻研、摸清个中门道。我学会了在完全黑暗的情况下打开胶片盒，把牵引片贴在一块宽大的醋酸纤维胶片上，再输送进一台 Versamat 胶片冲洗机。从入口开始，整卷胶片将呈蛇形穿过许多转轮，经过显影液、停显液、定影液、水洗液的轮番浸泡。这个过程与洗衣服有几分相似。那时胶片感光度被称为 ASA，拍摄时所采用的 ASA 值将决定机器是以正常速度运行还是需要放慢速度，让黑白负片处理得久一点。

有些摄影师会在胶片袋上写下一些说明性文字和帧号，我也学会了如何破译这些仓促的标记，把这些潦草的文字和帧号转移到一张标题页上，再用胶水贴在照片背面。然后那些 8×10 照片会被卷起来放入有机玻璃管中，通过气动力系统发射到调遣部。没骗你。把有机玻璃管放在通向天花板的管道口，按下按钮，一股气流就会以极快的速度把它吸到在截止日汗流浃背苦苦等候的编辑那里。

当然，这个系统也经常造成混乱。许多不合适的物品在那些管道里飞遍了新闻大楼。有一次，我和同为学徒的约翰尼·罗卡想开个小玩笑。有位员工可谓是个糟老头的缩影。他两只眼睛都不灵光，头上还戴着一顶设计得不太好或不好打理的假发。他是个全身是"槽点"的会说话的活靶子，对我和约翰尼来说是各种恶作剧的灵感源泉。我们从一本杂志上剪下一张照片，粘在冲洗房的有机玻璃管下面。然后我们把他引到桌子前面，因为照片太小，他不得不摘下眼镜，低头靠向桌面想要看清楚。在他将脑袋伸到管道下面时，约翰尼按下了按钮，他的假发被从头上吸起并要往新闻编辑室冲去。反应过来的他一把拍在脑袋上，压住了几缕结实的发丝，阻止了假发被吸进管道。天晓得如果那东西从管道里呼啸着落在调遣部会发生什么。

当然，善恶终有报。那位员工有位兄弟，绰号切奇，是工作室里的印刷工，最后所有印刷工一起把约翰尼逼到角落，将他拎起来整个扔进照片冲洗盆。不知是运气还是日程安排的缘故，我逃过了惩罚。

那是一段美好的时光。我得以认识许多摄影师，学习他们如何处理工作，特别是看他们如何投影和挑选胶片。我常待在房间里听斯坦齐奥拉（也可以亲切地叫他斯坦齐）讲话。如果不是截止日，他会抽出时间教导我。有些摄影师的胶片是经典教案；曝光出色、镜头和比例变化丰富、标题完整、情感、共鸣、信息，尽在那一筒36张曝光之中。但是，有时我也会看到，当现场的摄影师明显该这么做却那么做了的时候，他有多沮丧。每当黑白照片被投影在墙上，报道时的懒惰便体现得无比刺眼。他是一位报社编辑，对为《纽约图片报》制作图片的工作认真负责。

就我而言，重点是我得以再次进入暗室并接触到照片纸，又一次生活在照片冲洗房的气味中，这是我早前在学校接触到摄影时便向往的。我融入了工作室团队，还加入了工作室的保龄球联盟，每周四晚上我们都会在麦迪逊广场花园打保龄球。

突然间，我每周可以挣250美元，这意味着我可以告别灯塔公寓的荆棘坎坷，找个晚上没有"配乐"的住处。于是我搬到了离哥伦布大街不远的西65街的一套很棒的公寓里。与之前相比，这套公寓简直是一座宫殿。它比较宽敞，有北面照来的光线，还有个大到足够在那儿野餐的通道。月租250美元。没错。租金管制，30天250美元。对此我可能需要向正在读这段话而又正巧在曼哈顿租房的读者道个歉。请不要靠近窗户。想想正在和你分摊5000美元月租的3位舍友。如果你屈服于绝望、放弃自己，就会让他们在下个月交租金时陷入困境。

新闻人团结一心，守望相助。

不幸的是，我搬得不够快。某个周四的保龄球之夜，有人闯入了我在灯塔公寓的住处。我那间小房间只有简单的门锁，没有插销，这对想要闯进去的小偷来说轻而易举（我说过自己刚到大城市时毫无经验，对吧？）。我所有的相机装备都被偷走了。碰巧在同一周，我的父亲去世了。我日子艰难的消息在工作室传开了，同事们为我凑了笔钱。在工会规定的3天丧假之后回来工作时，我看到了储物柜里的信封，里面装着500美元现金。我用这笔钱买了一台徕卡M4，配35mm Summicron f/2镜头。这台相机我一直保留着，它象征着新闻人团结一心，守望相助。

所以，工作室很酷。人很好，钱够用，我开始与我想做的事情有了真正的联系（虽然仍有距离），也开始社交，不再在公园长椅上啃巨无霸汉堡。我有了自己的生活！我的生活一定会很精彩！

那是我职业生涯的早期，"摄影之神"还没开始用贯穿我摄影生涯的那纯粹、迷惑、持续、无尽的挫折把我打得不省人事。我还满怀希望就像襁褓中的婴儿，品尝着一切美好，渴望着未来的决定性时刻。但是，正如死侍（漫威电影角色）所说："生活就是一部没完没了的灾难片，幸福只如插播广告般短暂。"

1977年，报社大罢工，一切天翻地覆。报社试图出版报纸，但徒劳无功。我记得罢工持续了88天。

我的事业才刚有起色，突然就失业了。不过，在重重绝望的乌云中，还有几缕亮光。几份由失业行会成员发起的罢工报纸出现了。其中，《城市新闻》雇用丹尼作为摄影部的唯一成员。我给丹尼打了一通电话，他说："小伙子，我什么都要。我既没有图书馆，也没有档案，啥都没有。给我提供点儿东西，一张照片给你50美元。"

我拎上杜马克包就出了门，3天里除了眯上两三个小时和洗个快澡，就没回来过。我把看到的东西都拍了下来：荡秋千的孩子、公园里的马车、54俱乐部里的候斯顿和沃霍尔……我不停地把胶片寄给丹尼。报纸诞生一周，他欠了我将近500美元。他看着我说："小伙子，我给你一份全职工作吧。我可以付给你250美元。"

在街上

听到这句话，我意识到刚刚从送稿人成为工作室学徒的自己，转眼又成了纽约一家正在发行的日报的全职摄影师。我得到了一张纽约记者证，他们称之为"预备卡"，我可以去一般记者能去的所有地方，不过记者证上没有我的照片，这表示它是临时的。我还得到了这座城市中最贵的证件之———记者停车卡，这意味着在赶往新闻现场时，我那辆破旧的大众车可以随便停。这一切令人兴奋，也很吓人。不成功，便成仁。

能拿到这些宝贵的记者证件，全靠《城市新闻》的编辑比尔·费德里奇，他也是《纽约每日新闻》的传奇记者兼编辑。费德里奇曾3次获得普利策奖提名，人脉很广。他就是在传说中的冲浪墨菲珠宝

案中找回德隆星光红宝石的那位记者。这颗100克拉的宝石于1964年在美国自然历史博物馆被盗。索要赎金的是身份不明的第三人，他联系了费德里奇，并让他前往佛罗里达州棕榈滩的一个电话亭。电话铃响，来电者告诉他："转身向门。伸手往上就能摸到红宝石。"登在《纽约每日新闻》头版的那张著名照片拍到了费德里奇从电话亭顶棚上把宝石拿下来的场景，宝石被交给了约翰·D.麦克阿瑟，这位著名的慈善家同意支付赎金。而照片的拍摄者，没错，正是丹尼。硬汉、人脉、纽约黑帮。这就是我不经意间闯入的世界。

当然，我们进不了《纽约每日新闻》的工作室，因此也无法冲洗胶片。我在公寓里建了个小暗室，但这里的东西对于截止日要用的东西来说只能是聊胜于无。丹尼和合众国际社纽约新闻图片总编辑拉里·德桑蒂斯达成协议，解决了这个棘手的问题。合众国际社是美联社的可怜陪衬。这间散乱而又资源不足的新闻通讯社在与美联社的竞争中一直处于劣势，后者资金更充足、运作更良好。丹尼允许合众国际社使用我们全体员工的成果，作为回报，合众国际社为我们提供冲洗和印刷报纸要用的东西。请注意，我们全体员工也就3个——丹尼、吉米和我，但我们马上就让他们在纽约的常规员工人数翻了倍。

这绝对是段令人兴奋的工作经历。我甚至祈祷罢工能继续下去。我们的报纸虽然是临时的小报，但很受纽约人欢迎，对他们来说，上地铁时手上没份日报，就好像忘记穿裤子去上班一样。它的特色是所谓的"跨页"，也就是对开页印刷的照片，和《纽约每日新闻》一样。丹尼会把它摆出来，把竖拍的

照片称为"小深"，横拍的照片称为"小宽"。时至今日，我仍然偏爱使用更大、更少的照片，这肯定是从他那里学来的。就像他和我说的："孩子，等你明白一张好照片可以包含多少内容时，你会大吃一惊的。"

的确如此。当然，只拍摄一张重要照片，这不是我们的追求。但这在我脑中巩固了主图的重要性——那张大照片，让你引以为豪、在出版物中出现时会让读者目瞪口呆的那张。

但是，我就像灰姑娘一样命运多舛。罢工结束，我又回到工作室当学徒，这令我愁眉不展。我已经跃出去了。我原本已经拿起相机在拍照了！如今却又被困在 Versamat 胶片冲洗机旁，哄它吞下其他摄影师的胶片。

罢工后，报社不出意料陷入了财务问题，我也得到了解脱。编辑部主任埃迪找到我，跟我说他们要辞退一名员工，让他回工作室，然后，按照这个地方的工会的逻辑，这意味着我可以，按他的话说，"回去做送稿人。"我当场辞了职。

罢工期间我已经小有名气，果然，我一走出报社，各通讯社都打来了电话：你能做这个吗？你能做那个吗？当然可以！新闻、体育和各种专题都交到了我手上。都是一天就能完成的任务，没啥了不起的。但凭着这些零碎的工作，我谋得了生计，也获得了更多的教训。

合众国际社经常找我干活。这对他们来说很必要，因为一次活只用付我 50 美元，就这么多。《纽约时报》给的酬劳高一些，大约 125 美元一次。美联社给的酬劳介于两者之间。但是，考虑到我的房租是 250 美元，如果在一周内攒够这些钱，就可以维持生计。我做到了。我很贪婪，早上为合众国际社拍摄，午饭后干美联社的活，晚上再去 54 俱乐部拍摄名人，赚合众国际社 50 美元，这都是家常便饭。我的工作狂热且有趣，让我马不停蹄。

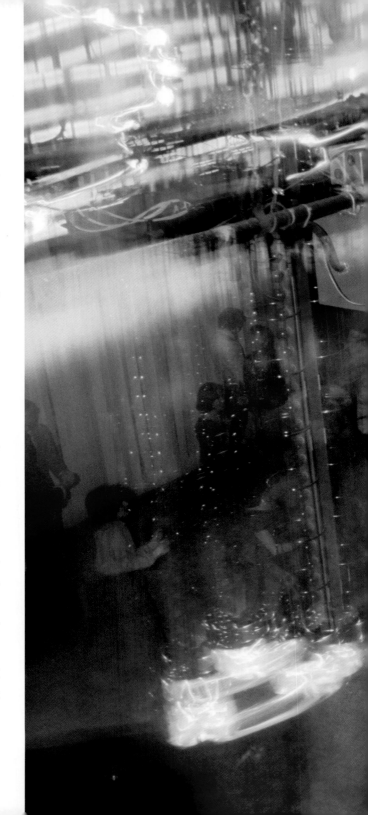

这无异于梦想成真。天使为我歌唱，我的心也在哼着欢快的曲儿。

并没有。

并没有什么让我觉得已经攀登上了自己的小山峰，我没有备受好评的制作精良的封面故事，也没有被邀请加入马格南图片社，什么都没有。我仍然没有一份合法的全职摄影工作。我只是个微不足道的自由职业者、通讯社的特约记者，大人物们忙于真正的工作时才会打电话来找的人。

四下一看，我意识到自己能够付清所有账单，凭借的都是雇用我拍照的人寄来的支票。通过那些小工作获得的酬劳积少成多：这里50美元，那里100美元。我正在纽约当摄影师谋生，我想我应该歪着头说："嗯，酷。"

但是，我还是一个男孩，一名自由职业者，一个带着传呼机和杜马克包的巡回小贩。当然，我是个有工作的摄影师，但还没有成为一位全职员工。这仍是我尚未跨越的界线。

此时，无常再一次与我的摄影师道路相交。《新闻周刊》的摄影部主任汤姆·奥尔与美国广播公司电视网的通讯副总裁里克·贾卡洛内同坐一架飞机。里克说他在找一位摄影师，汤姆——在纽约的早些时候我曾向这位和善的人展示过自己的作品——则向他推荐了我。

我接到了电话——那是1979年——或者是我的传呼机发出了哔哔声，是里克。他让我为这份工作做一次试拍，用两天时间拍摄3个不同的概念。他说会每天付给我250美元！我差点瘫倒在地。不过，他提醒我，还有两位摄影师他给出了同样的条件。一切尚未定夺。那两天，我推掉了所有工作以及其他安排。我习惯于快速完成多项拍摄任务。显然，他挑选的另外两位摄影师不习惯这点。他们没有完成任务，只能交出不完整的作品。

我拿下了这份工作。在传呼机嗡嗡作响，向我传达此消息的同时，我正在美联社报道为期3个月的拖船罢工的结束，这场罢工令纽约港瘫痪，导致整座城市几乎被垃圾淹没。拖船对于纽约每日数以吨计的垃圾的处理至关重要。当然，人们不喜欢想这么多，但拖船通常会把很多垃圾拖到海里。我在那些船上待过，相信我，你会想让船长把速度加快，这样你的鼻子就能留在风中，毕竟你的背后是船正拖着的一堆热气腾腾的垃圾。拖船到达一定里程后，就会打开排水管，这些垃圾就会涌入大海，成为鱼儿的午餐。然后鱼儿被抓住，最后出现在社会头面人物的盘子里。他们花50美元吃一盘黑线鳕，加醋和葱蒸熟，撒上烤杏仁并配上豌豆泥。其中的讽刺就像鱼肉一样鲜美。

罢工结束，拖船船员们正在华尔道夫酒店庆祝谈判结束。我在工作中的竞争对手是在《纽约每日新闻》的前摄影师同事，其无能简直是个传奇。我在工作室里冲洗过他的胶片，各种啼笑皆非。

我记得他有一次被调遣部狠狠骂了一顿，那天是丹尼负责主持工作。鉴于丹尼的卓越，他偶尔会待在里面主持大局，把当天的视觉杂务分配给《纽约每日新闻》的一众摄影师。丹尼把这位哭丧着脸的摄影师安排去新闻大楼的大厅拍人们握手微笑的镜头，大厅就在新闻编辑室往下7层楼。结果他错过了。他的借口是："我挤不进电梯。"这是个真实的故事。

当时他也在庆祝罢工结束的现场，并彻底把我击败了。当时我走开去回那通重要电话（那时没有手机，只有付费电话亭），回来就看到他坐在椅子上，周围是欢呼的拖船船员。他在煽动他们，对他们大喊大叫，群情汹涌。我把相机举过头顶，孤注一掷地拍了一系列毫无希望的照片，一塌糊涂。

所以，获得第一份摄影师工作的当天，我就把手头的拍摄工作搞砸了。也许我应该把这当成一个征兆、一个警告。失败永远伴随着你，无知的人！

但是印象中我对此毫不介意，因为那通电话令我心花怒放。我在纽约有了一份职业摄影师的工作。

第 2 章

在美国广播公司电视台的锻炼

我结束了作为随时听候传呼机召唤的通讯社特约记者生活，接受了美国广播公司电视台（ABC Television）的工作。一份全职工作就像永远不知道下一份薪水在何方的危险水域中的一座令人安心的岛屿。然而，这只是我动荡的自由职业生涯中的短暂喘息。18 个月后我就辞职了。即使短暂，工作也显得千篇一律。结果证明，比起给肥皂剧演员拍照，我更喜欢不确定性。

在美国广播公司电视台，我被分配到公共关系部，我们的工作是用图片传扬美国广播公司的福音。我的第一份全职摄影师工作正式开始了！我拥有了名片、公司福利、稳定的薪水。相机柜里放有需要使用的设备，有间小工作室供我使用，相机包里还有了新成员——彩色透明胶片。这是一些不完全陌生，但肯定不算熟悉的奇怪东西。

这份工作的其中一个要求，是分配下来的每一个任务都得同时拍下彩色和黑白、水平和垂直的照片。我不得不以功利的方式确保面面俱到，因为我的照片会有多种不同用法。它们可能交由报纸刊登，当时报纸大多是单色印刷；或者是作为报纸中电视版块的封面，那便需要垂直彩色照片；又或者是美国广播公司电视台优先采访了某位热门嘉宾，照片也会被新闻杂志使用。电视网摄影师的工作就是去报道节目、活动，拍摄嘉宾和播报员，展示摄像人员的幕后参与、控制室的运筹帷幄，基本上带有美国广播公司电视台标志的活动都要跟进。拍完《周一橄榄球之夜》，再在工作室拍艾美奖雕像的静物照，然后一早到《早安美国》拍摄政治人物或电影演员，随后飞往华盛顿特区在桌子后面为晚间节目主持人拍摄，接着回到纽约拍摄肥皂剧新角色的肖像照——这只是寻常的一周。这些拍摄任务全部都要有彩色和黑白、水平和垂直的照片。多样化是当务之急。

根据这个指令，我必须快速地计算适合我的胶片相机中各种ISO（当时称为ASA）的光圈，也得携带类似的玻璃或变焦器，因为必须在不换镜头的情况下快速切换相机。然后，当然，我还得手动对焦。在外时我肩膀上经常挂着三四台电机驱动的单反相机。在相机、镜头、ISO和光圈之间来回切换虽然足够令人抓狂，但也是很好的训练。再加上我也必须学会又快又好地使用闪光灯，在那段短暂的时间里我成了被逼着成长的温室植物，尽管长得不一定茁壮。在电视网当摄影师的我，就像是新婚夫妇驾驶的豪华汽车保险杠上用一根绳子绑着的一个罐子。你只是在搭顺风车，无法控制自己的命运。通常你能有几分钟时间和那些天才共事，有时则根本没这时间。

幸运的是，我的顶头上司知道其中的难度，若我提交了好报道，他们都会感到惊喜。他们一般都预计会失败，我也经常没有辜负这种期望。但正如名言所说，失败是进步的一种形式。我进步很大。

不过在30秒人像摄影方面，我确实做得很好。

其中一个特别的考验是那些控制室。面对着满墙电视监视器，我记得自己直接投降。让我们看看特德·科佩尔的照片，这是在华盛顿特区的控制室拍摄的，大约是在他成为美国广播公司电视台著名新闻节目《夜线》的主播的时候。特德是位非常出色的记者，也很好相处。拍摄时，尽管我手忙脚乱，使得几乎每个监视器都有闪光灯

反光，但他对我很有耐心，最终得到的这张照片引起了极大反响，因为节目大受欢迎。

照片有两个版本。一个是原始的反转片，扫描过，但未经润饰。我当时尽了最大努力，这张照片也给我上了一课，让我明白一张照片无论在技术或其他方面有什么缺陷，仍然可以有目的和影响力。另一个是润色后的版本，于2021年左右扫描处理。当然，这也显示出我的一些错误离谱得令人发指，现代后期制作技术再怎么神奇也无能为力。

我接下这份工作的时候，老板里克看着我说："我们拍摄用Kodachrome胶片，也要打光。"结果证明这并不是在吓唬我。

满心惶恐的我跑出去买了一套Dynalites照明设备——那个时代的主力外景闪光灯。那时电箱大约每瓦秒一美元。换言之，我那全新的Dynalite 800电箱大概是800美元，两个闪光灯头可能得再加300～400美元？我有一个箱子、几个支架、几把柔光伞（那时甚至还不认识柔光箱），也许还有一个蜂巢网格、几块暖色滤光片。这些都是我默默掏钱买的，可能是为自己装备不全导致技艺不精而感到尴尬。这都是小事，因为开始使用时更尴尬，我甚至不知道怎么把这些东西插上去。

那时我非常紧张，对自己的技术毫无信心，甚至该问的问题也没敢问，比如，"装备柜里那台宝丽来相机是怎么用的？就是在开始胶片拍摄之前就可以知道闪光灯在做什么的那台。"当时美国广播公司电视台还有另一位已经在职一段时间的摄影师。他很了不起，让我震惊的除了他的技术知识，还有他可以游走于《早安美国》之类的节目，人人都认识他。所以我处处虚张声势，把自己扯进了反复试验和犯错的旋涡，错误接踵而至。

虽说失败乃成功之母，但如果错误以我所犯的次数和频率向你袭来，你会有种在小行星群中躲避星际罪犯高速追逐的感觉。

错漏百出的失败一如沙漠般严峻无情，但也有学习的绿洲，逐渐有一两张反转片从冲洗房出来后，看起来有那么几分符合我的设想。太棒了！

有进步！我想通了，灯箱里那些闪光灯就像垃圾场里咆哮的狗一样，是可以驯服的，我可以掌握光的路径。

我在电视网上的第一批任务之一是成为信息节目《FYI》的记录摄影师。这60秒的节目每天在日间电视上播出3次，主持人是和蔼可亲的哈尔·林登，他主演过极受欢迎的警探电视剧《巴尼·米勒》。该节目旨在提供有关健康和生活方式的有益建议及以育儿技巧等，还会回答观众的各种问题，从如何与孩子讨论敏感话题到心理学问题、从洗手间的细菌到自然烹饪，无所不谈。

我必须学会让灯光显得干净、商业化，例如拍摄一位女士在厨房端着新鲜出炉的面包。或是学会为双人照打光，例如为扮演母子的两位模特打光。

拍摄《FYI》是我第一次尝试概念摄影，如展示睡前喝一杯牛奶为何能让人睡得更好。记得办公室也搞过一些头脑风暴，结果是我被派往长岛

的一个奶牛场，要设法拍摄一个人在一头奶牛旁边熟睡的场景。农场主人很好，但对于我对奶牛的一无所知甚为不解。记得他轻笑着摇摇头，然后拿起我带来的牛奶容器，走过去靠在一头奶牛身上，假装睡着。拍摄过程毫不费力，还很有趣。

我实在对他感激不尽！透过镜头一看，我立刻知道照片就应该是这样。这样的照片绝对符合要求，能完美诠释我的想法。如何用与专题吻合的照片让观众眼前一亮？让农场主睡在他的一头奶牛身上！这张照片为我打开了一扇门，让我敢于对照片进行构思，无论那有多古怪。这次拍摄影响了我一生。

下面展示的照片大概都是在同一个月内拍摄的。

在与斯卡沃洛进行美国广播公司电视台的拍摄前，当时还是可爱少女的布鲁克·希尔兹正在化妆室里做作业。

当时的《早安美国》主持人大卫·哈特曼与重量级拳击手肯·诺顿在纽约郊区的诺顿训练营附近比拳头。

杰弗里·霍尔德在美国广播公司电视台根据埃德加·爱伦·坡的《金甲虫》改编的课后特别节目中扮演丘比特。

我记得照片中的这位先生（对页右上）叫约翰尼，别名"蜘蛛侠"。如你所见，他在很高的地方工作，除了一条简单的安全带便再无其他设备。

和丹尼·艾洛拍摄美国广播公司电视台课后特别系列的宣传剧照（对页右下）。

与热拉尔多·里韦拉共度的时光。在完成《20/20》新闻杂志的拍摄任务时，他乔装打扮后混进纽约下东区，而我们透过面包车的单向透视窗拍摄。

和苏珊·卢奇、戴维·卡纳里一起在《我的孩子们》片场。与她扮演的邪恶的埃丽卡·凯恩相反，苏珊是个绝对令人愉快的拍摄对象。头顶上方的光很刺眼，对拍摄宣传剧照很不友好，所以如果你能够用灯光和摄影伞快速、优雅地补光，她总会很感激。这很好地让我早早了解到拍摄人像需要多做一些努力。

1981年2月，第一架航天飞机试射。照片中是佛罗里达月光下发射台上的哥伦比亚号航天飞机。

第 3 章

另一端的混蛋……

《另一端的混蛋：一名平庸渔夫的反思》是一本关于钓鱼的书的名字，作者是著名艺术评论家罗伯特·休斯，澳大利亚人，机智尖刻，眼里总闪烁着活跃的光芒，表示他比你更早猜到笑话的笑点。他的聪明才智就在于此。

休斯先生已经去世，在他名气最大的时候曾编写、制作过一部电视剧，还出版过一本书，名为《新艺术的震撼》。该书广受好评，《纽约时报》因此称他为"世界上最著名的艺术评论家"。他的部分恶名源于他以无休止地挖苦艺术界为乐。他写道："艺术的新工作只是待在墙上，然后等着变得更值钱。"这样的评论不会让他受到高高在上并强大的艺术机构的喜爱。我被派去为他拍照时，他正在继续他的浩瀚事业——写一本讲述钓鱼的幽默琐事的书。照片将用于该书的封面和新闻稿。

某种程度上，他的书名"另一端的混蛋：一名平庸渔夫的反思"也很适合成为本书的书名，只需将渔夫替换为摄影师。我在镜头这一端的失误如此之多！按钓鱼的说法，在众多照片里我都把钓竿抛错了地方。一旦想起来，这点就会在我心头萦绕不去，但我又经常想起它。拍摄当天早上总是最糟的，真的，我无比希望——至少偶尔是——客户会在最后一刻打电话取消一切行程。然后我就不必再去召唤"它"，而是保持冷静、发挥才智、表现风趣，接着做出决定并设置好相机，然后透过长方形的取景框窥视世界。那些日子里我翻遍设备箱，寻找的不是镜头或灯架，而是更难以捉摸的东西：信心，或者是一条出路。也许我离开了也没人会注意到，对吧？

也许这就是如此多的摄影师喜欢风光摄影的原因吧？你是走是留、笨手笨脚抑或跌跌撞撞，岩石和树木根本不在乎，鸟儿和山脉对你没有任何期待。

所以，当我被派去为住处在长岛最东端附近的谢尔特岛的休斯先生拍照时，我们这对组合显得既随机，又无比契合。有关创作的不安全感，他曾写道："越伟大的艺术家越对自己有怀疑。完美自信是为无能的人准备的安慰奖。"

所以，我们一拍即合。两个家伙表面都自信十足，内心却满是自我怀疑。他比我还多了一点孤独。处于两段婚姻之间的他在自己的岛上庄园闲逛，坚持要我和我的助手留下来吃晚饭。我们前一天便去了他那里，为了可以在4点起床进行凌晨的钓鱼冒险。我记得他做了很好吃的培根蛋酱意大利面。我们之间没多少共同点，我也敢肯定，对他来说，和我们谈话就好比开着他智力的法拉利在高峰时段穿过拥堵的荷兰隧道。但在他的那个人生时刻，陪伴最重要。我们让他桌旁的空位坐满了人。

你是否注意过，在拍摄日出的过程中，当太阳从地平线缓缓升起时，一缕缕阳光从起初的温柔，到后来愈发地强烈，魅力不减，将平凡化作神奇，令你在镜头前的疑虑冰消瓦解？别再想什么取消拍摄任务啦！你都在想些什么呢？对任务那令人窒息的焦虑消失无踪，取而代之的是令人窒息的拍摄的紧迫感。日出不会为谁停留，脑子与心都得动起来。看镜头！拍摄！动作要快。光线使你充满信心。照片一张接一张。不需要等待闪光灯回电，天空中就有100万瓦秒！保持兴奋并拍摄，拍摄吧！此时太阳的升起温暖了你的脸和心，瞬间将"我为什么要这样做？"变成了"我怎么可能不这样做？"

有这种光线撑腰，你绝不会在拍摄上犯任何错误。昨晚睡不着在干什么来着，在黑暗中瞎担心？

昨晚睡不着在干什么来着，在黑暗中瞎担心？

钓鱼的姿势无须指导，主体无比专注于自己的世界。镜头选择正确（这种场合用200-400mm的镜头），太阳也对你钟爱有加——这种毫不费力的拍摄让所有冒险都显得值得。这不是那种需要付出才能让病人复苏般的努力的拍摄。

像钓鱼一样，这是很好的收获。一个难忘的早晨，一个万事顺遂的早晨。

当然，下一份工作到来，乌云再次聚集，不确定性这讨厌的恶魔又开始在我的脑海和心里絮絮叨叨。亲爱的读者，我很想告诉你它会随时间和经验而消失，但它不会。一旦踏进这场充满不确定性的冒险，便将永远如此。

有趣吧？

第 4 章
相信机器

大学时我便开始练习使用闪光灯。我记得我们有铁砧状的艾仕可电箱，它很结实、很重，而且不是特别适合热插拔，因为如果用电不小心，这个电箱很容易便会形成电弧，把你或模特炸飞到房间另一头。如果弄爆了电箱，你就会看着像是因为在电网上撒尿而触电的卡通人物，很难让你的拍摄对象对你重拾信心。但控制光线及想法一直萦绕在我心里。我所受的训练是要成为一名报社摄影记者，边跑边拍，但同时我也在仔细研究艾夫登、佩恩、赫尔穆特·牛顿和盖伊·布尔丹的作品。这里展示的照片（对页）或许是我在纽豪斯学院摄影工作室绝无仅有的成功作品。

拍摄对象是我的好朋友南希·巴恩斯（我们在脸书仍有联系）。她是戏剧专业的学生，在镜头前很可爱。我不满足于瞎摆弄灯光，便使用黑白红外胶片拍了这张照片，基本是复制了另一位好友

兼同学丹尼斯·麦克唐纳的作品。他后来回到家乡南泽西成为了非常优秀的报社摄影师。他当时在做红外摄影，我也喜欢照片的样子。

我在这片未知领域摸索，南希则耐心又漂亮地坐在那儿。我们能够做的"造型"仅仅是在她脸颊上粘上一颗银色星星——以学生的预算做出来的造型。

在《纽约每日新闻》工作期间我也一直在摆弄那些笨重的闪光灯。埃迪·彼得斯是一位出色的长期员工，也是我的上司，他把他那些以湿电池供电的旧手柄闪光灯给了我。这些闪光灯粗糙、没有控件且沉重。但凭借其中的一盏闪光灯，加上一把摄影伞和猜测的光圈，我拍下了一张林林兄弟马戏团小丑"保罗王子"的照片（下页）。

《生活》杂志的摄影总监约翰·洛恩加德喜欢这张照片。他觉得这张照片"很奇怪"。他还说这有点像是能够窥见表演者生活内部的一扇窗户。用他的话说，抹粉和化妆的过程看起来有点"痛苦"。这种奇怪部分归因于那可怕的闪光灯将"王子"周围的粉末都凝固在空气中。那时候我并未完全理解其中缘由，但我为闪光灯及其带来的可能性而狂热。

可想而知，热靴闪光灯于我是何等的天赐之物！多年来我一直都得带着一堆笨重而不可靠的闪光灯，如今面前这些闪光灯轻盈、可控、智能。好吧，那时候还不算"智能"——就好比去开家长会，老师说你那个读6年级的孩子"很有潜力"。

我可以把闪光灯指数和物距之间的除法丢到一边了！也不是说我经常使用这些公式，我通常都是凭直觉行动。但现在我有了帮手帮忙计算！这就容易了！

在咯咯的笑声中来一次预闪，看看曝光是否与所选光圈相对应。

相比之下是这样。但不要把容易和可靠混淆。TTL（通过镜头测光）闪光摄影多年来一直因容易出错和不可预测被诟病，好比一种黑暗的魔法药水，具有可怕的不确定的力量。

在咯咯的笑声中来一次预闪，看看曝光是否与所选光圈相对应。别忘了戴上一顶巫师尖帽。

问题是，那时闪光灯的准确度并没有那么高，其精确度约等于手掷手榴弹，堪称曝光的轮盘赌博。它要么奏效，要么不奏效，喜怒无常得令人烦恼。

某个时刻，它表现完美。然后就在下一刻，"爆胎"了。在你专心进行拍摄的时候，所有这些都在几分钟或几秒钟内发生。我喜欢"爆胎"这个词。用它来形容TTL的失控再合适不过了。TTL的失控就像你正在高速公路上以时速100km的速度巡航，然后……爆胎了！你死死地抓住方向盘，横着冲出了公路，完全失控，一头扎进沟里。

渐浓的夜色、背景与主体之间的距离、衣物的颜色——这些都会造成曝光的混乱。例如，当这架双翼飞机在有亮光的空中飞过时，相机和闪光灯同时都有信息可用，就不会有问题。

但天色暗下来之后，闪光灯就会有反应。"爆胎"咯！

我一直在坚持。别无选择是个很好的激励因素。即便是在那时，我的想象力引导着我前往的，也是一个需要运用光线来解析的世界。我当时在为杂志拍摄，要求光泽度高、色彩鲜艳。在推动性方面，胶片既不易应付，亦限制重重。ISO 50000甚至连沙漠远处闪闪发光的海市蜃楼都不算。能否获得拍摄任务，往往取决于摄影师能否很好地使用闪光灯。而我想得到工作。

　　我一头扎进TTL闪光这片未知的沼泽。虽然屡屡遭受失败，但失败乃成功之母。我了解到了冒此风险的价值，以及信任这一技术并推动整个系统的发展可以带来的回报。我一直说闪光摄影是一辈子的试验，我会继续投入其中，个中经历令我时而欢欣鼓舞，时而垂头丧气。

　　我的坚决程度让身边每个人都很恼怒。每个人都是我TTL模式人像摄影的目标！我的大女儿凯特琳去伊莎多拉·邓肯舞蹈班上了一段时间的课，她喜欢那些纱裙和梦幻般的动作。不会放过任何机会的我带着她的教练去了布鲁克林海滩（右图）。当时只有我、她、一个架子、一盏闪光灯。没有助手，所以没法在洛克威狂风阵阵的海岸上架起摄影伞。这可能是我第一次意识到，这些小小的机顶闪光灯，尽管脆弱且不易捉摸，却有望实现有效的照明解决方案，让我以最少装备和最大机动性解决问题。

　　这就是摄影师的生活方式。拿起相机之后，尤其是加入了闪光灯这一神秘武器，便再也没有什么能够确定。如果让相机替你做出某些决定，有人会认为你不负责任，他们会质疑你在镜头前

的判断。我常听到的一个问题就是："你为什么不用手动挡？"我的确在不懈地使用手动挡。

不要把问题变得复杂，一盏就好。

我也使用TTL模式，在某些场合会将它视为有用的探路者。它就是雷之权杖，帮助印第安纳·琼斯（电影《夺宝奇兵》主角）找到约柜。TTL可以迅速引导你得到一个手动的解决方案，你可以放心地使用，就像在稳固的船坞绑定摇摆的船只一样。或者，考虑到如今这项技术的可靠性，你也可以直接运行TTL模式，在相机做决定时密切监视即可。在镜头前你可以感受得到一切是否顺利：你的头离相机很近，闪光灯就在旁边，你、相机和闪光灯系统之间有着直观的联系。你也可以在聆听快门的延迟声时分辨相机是否有问题，例如在使用光圈优先模式的时候。

当TTL读取错误而将所有功率用在主体上并在液晶屏上将主体变成一个发光的燃料棒时，你可以听到（及感受到）来自闪光灯的全功率重击！爆胎！

你也可以感受到曝光的相对力量，因此我总会打开即时回放，看刚拍下的照片在液晶屏上的样子。曝光正确？过度？不足？就在眼皮底下，你可以读到它、感受到它。如今EVF和无反成了标准，拍摄时所有信息都自动在电子取景器中显示出来。

所以，放手尝试吧。就像他们说的，能有什么问题？只是一堆像素而已！想做试验，就抓起一盏闪光灯。不要把问题变得复杂，一盏就好。看看使用手册！多么新奇的想法啊！

然后随便摆弄去吧。没错，随便摆弄！

以下做法我并不提倡，因为太疯狂。我曾把一盏闪光灯放在摩托车的把手上，用两根SC-17连接线绕在车手身上并连接相机的热靴，然后半站在摩托车后座上，在纽约林肯隧道呼啸而过（左图。危险动作，请勿模仿！）。我把焦点放在车手的眼睛上，用TTL做出了念珠的效果。现在随处都是无线TTL，已经不需要SC-17连接线了。而且以目前的技术，如果曝光看着有点不妥，可以在车加速前进时改变闪光灯的功率。

隧道内部给了闪光灯一定程度的稳定亮度，这对于这些刚刚起步的TTL小型闪光灯来说是很棒的一件事。我用TTL做过多次尝试，也多次尝

试手动操作，由于车手和闪光灯之间的距离保持一致，所以这些尝试很有意义。如果这距离存在大的改变，除了曝光外，我们就还有更多需要担心的了。

相比之下，早期使用TTL的困扰是亮度变化不规律，比如时代广场的灯光！现象级运动员山姆当时还是一名自行车信使，穿梭在闪烁的霓虹旋涡中。为他拍摄时，我失败了很多次，但还是幸运地得到了一张像样的照片（上图）。

我是在面包车后部打开后门为山姆拍摄的。拍摄时间大概是20世纪90年代中期。

快进到2010年，这时有了更好的TTL，我又一次在面包车的后部拍摄，这次是在温哥华（下页）。

在这里，相机的音乐会表现真正接近交响乐水平。我使用了自动对焦和光圈优先模式。面包车上方装上了一盏主灯，相机右边也有一盏灯，用以补光和添加平行光。我通过相机上的命令指挥闪光灯，这很自然，因为闪光灯都在我旁边。

这里的不确定因素并非曝光，因为拍摄地点在太平洋西北部，那里似乎永远乌云密布。

最大的变数是滑手与车辆之间的距离。

有时他们在保险杠前面，但下一秒可能就漂移出去了。

我要随之通过闪光灯做出曝光调整，既要处理好周围深绿色植物的曝光，也不能让前面那位长板滑手的白色皮衣曝光过度。在拍摄这种快速移动的运动时，由于一切都在动，依赖相机让你得以专注于相机上的重要事情（如取景），并尽可能保持相机的稳定。

单个滑手的照片是手持拍摄的，快门速度为1/6秒。这就够让人担心的了。

也可以是一堆镜子与仅仅一盏热靴闪光灯（下图）。多年前的一个傍晚，佛罗里达的海滩上，一群退休人员正在散步。他们停下来，歪着头，看着我们正疯狂地赶在光线消失前把这些镜子埋进沙子里。我发誓听到当中有个人用慢吞吞的南方口音说了句话，大意是："瞧那边那堆镜子中间那家伙，够自恋的！"

一次不加处理的闪光，相机在左侧。目前为止，镜子的摆放是最难的部分。

我还试过和一群健美运动员在海滩上使用闪光灯进行拍摄（上图）。所有闪光灯都进行了手动设置，这些是SB-26闪光灯，内置一只光学眼，是提高TTL可靠性和热靴闪光灯复杂性这条曲折道路上的重要一步。

我用这些闪光灯创作出了为《国家地理》拍摄的封面中我最爱的一张（对页左图）。在印度孟买用一组SB-26闪光灯透过一张床单照明。我的知识面一步步拓宽，对事物的可能性有了更多思考。拍摄使用的是Kodachrome 64胶片，没有液晶屏、无须确认、不用重来，相信机器。

我把一盏热靴闪光灯带进了沼泽（对页右上图），加上暖色滤光片后将灯固定在魔术腿摄影架上，凌晨3点爬起来，穿上厚重的潜水衣，在冬天跳进康涅狄格州一个浑浊的湖里！我当时的助手斯科特来自佛罗里达州，从小就会开沼泽汽艇，

所以他对于在浑水中举着灯感觉良好。他很放松，并且告诉我说："康涅狄格州没有鳄鱼。"这倒是让我松了一口气。

热靴闪光灯是那天早上唯一温暖的东西。这次拍摄是接了一家大公司的大活儿，要模拟特种部队完成任务的情景。一切全靠一盏用电池供电的热靴闪光灯。

那只不过是盏灯而已，可以推，可以拉，也可以戳戳点点。拍出来的样子喜欢也好，不喜欢也罢，都要继续前进。把一盏闪光灯弄明白，和它交个朋友。那只不过是一盏灯！没什么复杂的。目前为止的这些照片所采用的照明解决方案（即"多年来的试验"）都没有使用任何光效附件：没有摄影伞、没有柔光箱，只有原始的灯光。（好吧，有一个例子使用了床单。）

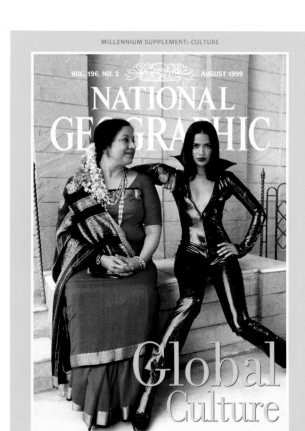

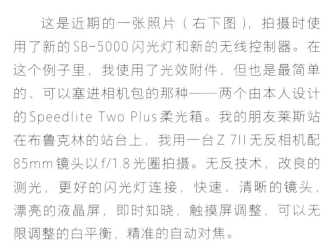

这是近期的一张照片（右下图），拍摄时使用了新的SB-5000闪光灯和新的无线控制器。在这个例子里，我使用了光效附件，但也是最简单的、可以塞进相机包的那种——两个由本人设计的Speedlite Two Plus柔光箱。我的朋友莱斯站在布鲁克林的站台上，我用一台Z 7II无反相机配85mm镜头以f/1.8光圈拍摄。无反技术，改良的测光，更好的闪光灯连接，快速、清晰的镜头，漂亮的液晶屏，即时知晓，触摸屏调整，可以无限调整的白平衡，精准的自动对焦。

尝试一下！把闪光灯用上，将黑暗驱散！就像飞机从天上往下掉时贝恩（电影《蝙蝠侠：黑暗骑士崛起》的角色）对医生说的那样："现在不是害怕的时候！时机还未到。"

第 5 章
这算不算随机

还记不记得，最开始的时候，我曾说过摄影事业是随机的？

让我们假设这家伙的名字叫杰瑞。他是雪城大学 DellPlain Hall 学生公寓的宿舍指导员，印象中我作为低年级学生在那儿住了 3 年。这张照片是我在 1973 年秋天拍的。当时我还是名学摄影的学生，坐在雪城大学橄榄球赛的看台上，带着配有 135mm f/2.8 镜头的尼康玛特相机。我转过身时，他正好开始朝着球场大喊，他完全扯开了喉咙。我把相机举到眼前，然后，印象中头一次，按快门的时机和调焦筒的旋转完美契合。我用单次对焦的尼康玛特拍了一张照片——咔嗒。

记得之后我便转过身坐着，看着相机，相机就像护身符一样在我手中闪闪发光，我几乎能感觉到它散发出的热量。我冲洗了胶片，底片无比清晰，甚至曝光也很好，这在我求学的那段日子里极为罕见。照片的冲印很有力量。那时，我正在学校学习 W. 尤金 • 史密斯的冲印方法——黑浓如墨、四角加深、阴郁无比。

这张照片和其他同学的作品一起在纽豪斯学院大厅展出。静静穿过大厅时，我会盯着玻璃后面的它。更重要的是，它成了我作品集中的主要作品，被提交给摄影专业的行政人员，他们将决定我这非摄影专业的学生是否可以继续学业并进入更高级别的班级。（允许非摄影专业的学生学习高级摄影课程很不寻常，也不符合一般政策。原先是写作专业的我在学习生涯后期才开始学习摄影，因此总要接受各种审查。）

雪城大学摄影项目的研究生雷德·麦克伦登（他后来去了美联社并有着辉煌的职业生涯）告诉我，我被录取了。他跟我说，我的大部分作品还过得去，多多少少都有些令人不满意的地方，但对于那张杰瑞大喊的照片，他说："乔，他们看着照片，然后就'啊啊啊'。"我被录取了。

我总是忍不住去想——在一场橄榄球比赛中，没有遮盖的看台上，雪城大学灰蒙蒙的天空下，相机装着Tri-X胶片，我这张照片的快门速度可能是1/500秒。1/500秒：我被录取，或没被录取；我得以前行，或被拒之门外。

多如牛毛的百分秒的凄惨失败中，一个成功而随机的1/500秒，打开了我通往摄影人生的大门。

多如牛毛的百分秒的凄惨失败中，一个成功而随机的1/500秒，打开了我通往摄影人生的大门。

这算不算随机？

这个故事的配图并非来自原始底片，原始底片很久以前就从麦克纳利摄影公司这四处流动的马车上掉落了。这是我1973年制作的一张11×14出血印刷照片的扫描件。谢天谢地，我印刷得还不错，照片才得以出现在此处。

那张照片让我在大四可以进修更高级的摄影课程，为我攻读研究生和拿到新闻摄影硕士学位铺平了道路。我从小就沉浸在斯泰肯、施蒂格利茨、艾森施泰特的摄影传奇中，为FSA（美国农场安全管理局）那些历久弥新而又美不胜收的照片所吸引。我每天不停地拍摄，见到什么都拍。晚上我住在暗房里，四处弥漫着Dektol显影液的烟雾，刺鼻却又芳香。最后阶段的学业一塌糊涂，我勉强毕业。相机成为我通往世界的道路，本该听老师讲课的时候，我却盯着教室外面。

正如前文所述，带着这样的教育经历，我踏进了小报新闻的现实世界，与《纽约每日新闻》的员工为伴——那是一群工作已久的摄影师，终日一脸憔悴地走在人行道上，以拍照为生，拍摄从地铁到上流社会的一切，不加修饰、不做停留，拍下来就交给报社，然后向酒吧进发。第二天另一份报纸就会出来，没什么比昨日的新闻更陈腐（意识到你某天的工作隔天就会沦为别人的鸟笼贴纸，确实会让你脚踏实地。）跟他们提起斯泰肯或施蒂格利茨，他们会认为你是满嘴洋话的傲慢小混蛋。我和丹尼·戈弗雷说过话，他是个很棒的人，是个坚如磐石的摄影师、纽约硬汉子。他问我怎么学的摄影，我便提到了自己的教育经历，他一脸不可思议："你去学校学这玩意儿？"他疑惑地看着我，摇摇头，走开了。

论此行业中工具的多功能性

老式的爱克发8×放大镜是编辑反转片时快速、直接、朴实无华但表现优异的工具，放在相机袋里可随时实地测试，放在灯台上可审查图像，价格低廉，不含活动部件。

当然，爱克发放大镜也有其他用途。

例如，当你看过全部照片后，却发现没有一张拿得出手的时候，你坐在灯台旁，麻木于自己的无能，盯着成堆的黄色盒子，里面数十张甚至数百张死气沉沉的小方块五彩斑斓地证明着你的专业知识和敏锐度的缺乏。你只能耸耸肩，希望客户也许会傻到喜欢这些东西，也希望杂志社发表照片时不标注来源，这样你就可以继续不为人知，躲在可悲的失败的隐秘阴影中。

这时你也可以拿起爱克发放大镜，翻过来，给自己倒上一杯爱尔兰威士忌，收工。

> "当然，爱克发放大镜也有其他用途。"

第 6 章

梦中的窗户

有时我闭上眼睛，看得更清楚。

酒店房间里，深夜黑暗中，关于照片的梦会慢慢浮现。我会想起一些旅行，一些错过的事物。一些未竟之事，一些必须回头重新审视的东西。

1985 年底，新奥尔良举办第二十届超级碗之前，《体育画报》派我去那儿为这座宏伟、美丽而又混乱的城市创作情调片、视觉诗。按杂志的行话，这叫"先行"，指的是为大赛举办地奠定情调和风格的一组照片。它可能会刊登在比赛报道开始之前的一期杂志上，算是个视觉前导广告，目的是在正式报道开始之前吊起读者的胃口（顺便充充版面）。此次拍摄让我受益良多，并让我于 25 年后拍出了我拍过的最好的照片。且听我细说。

我一直挺喜欢在新奥尔良拍摄。色彩和特色在这里比比皆是。这并不是说拍摄很容易。绝对不是。随着一船接一船游客的到来，这座城市的大部分特色已经被分割并用于旅游开发，继而开始被监管、售卖并硬塞到举着智能手机四处拍照的游客手上。每个人都能看到城市的表面并可以随意拍摄。随处可见的街头艺人、马车与汽艇、俱乐部里的爵士乐表演——所有这些都已准备好被添加到相册里，随时可以翻看，就像在自动售货机上随时能买到口香糖一样。而且，考虑到互联网美食博主的狂热，一张世上最棒的秋葵汤照片也是必需的。一切都在等着你去索取、购买。这座城市就像一个狡猾的演员，夜以继日地在舞台、街道上扮演着令人信服的替身。

与此同时，城市的真身就在剧场厢房里，等待和观察着那些可能会冒险并寻找它的人。它不接受预订，也不会按你的要求礼貌地让你坐在窗边。

换言之，它就像世界上所有你会想要带上相机和热切的眼睛前去的超级迷人的地方一样，肉身被人占领，灵魂已经躲入阴影之中。

　　我的任务是以不同的方式看待它，捕捉一种情调、找到一种节奏，呈现任何能与城市的精神相联系、能给杂志读者带来一种感受、一个外观或者能让人渴望前往参观的东西。这简直是个不可能完成的任务。像新奥尔良这样复杂的城市，即使在这里生活一辈子，亦未必能在照片中得到"对"的它。而我只有几天时间。

　　但尝试是有趣的，时而令人抓狂、时而令人振奋，就和所有拍摄的日子一样。我对自己的照片感觉良好，直至回到杂志社，编辑说她觉得我"挥棒"落空了，照片不行。我全心全力、起早摸黑地工作，而在她看来，成果压根儿不行。

在那里最疯狂的一件事是在波旁街度过跨年夜。我的好兄弟、中间人、新奥尔良消防员比利·桑切斯拿着梯子把我带进骚乱的人群，他基本把自己当作了人肉沙袋，用梯子帮我挡住如堤边海浪般涌来的人潮。在波旁街的照片（下图）中，我一直很喜欢灯杆上那只手，那是照片中唯一清晰的人类元素。招牌上的"Krazy Korner"（疯狂一角）基本说明了一切。我死死拽住我那超大的捷信三脚架，靠在上面以求站稳。比利就像一个在大街上的进攻截锋（美式橄榄球比赛的一个位置），尽力阻止我被那些疯狂的狂欢者"擒杀"。

没有人会来到新奥尔良而不去典藏厅拍照，前提是能得到批准。这需要特别安排，因为出于对"老人家"——定期在那里演奏的音乐家——的照顾，那里不允许拍照。典藏厅不希望这些功成名就的艺术家的照片被人拿来出售，而艺术家本人却没有收到任何补偿。这很公平。坦白说，这个地方也完全不适合摄影，至少在当时是这样。整个大厅基本是由天花板上一个 60 瓦的灯泡照亮的。我说得有点夸张，但不过分。当时里面陈旧昏暗，我拍摄用的是反转片，而在那个时候，ISO 都还不到 5 位数。

我去见了典藏厅的管理员，考虑到《体育画报》的分量，他们把球踢给了艺术家们。我对艺术家们说："《体育画报》能不能来拍点照片？就一个晚上。摄影师能在天花板上放一盏诺曼200B闪光灯吗？"他们说可以。

那晚我的努力并没有太多成果，但还是将一些画面刻在了那勉为其难工作着且后期处理艰难的反转片上。与现在方便的数字工具相比，那简直就是在山洞里画壁画。

当晚我最喜欢的镜头不是拍摄音乐家的那些。当时有人从古老的窗户外往里看，陈年累积的污垢令窗户变得几乎不透明，于是我迅速调出一个曝光度并拍下照片。这张照片从未发表过。从编辑/杂志社的角度来说，为何要刊登这个？这与爵士乐无关，更与橄榄球毫无联系。《体育画报》的版面是寸土必争的地盘，各种故事、文章、图片和标题都在争抢。决定出版内容时，杂志社没时间也不会去考虑这么一张模糊的照片。于是，这段故事最开始的那张照片直到如今才发表出来。

我一直都记得那个凝视、那扇窗户和窗户的特征。例如，窗玻璃上泛黄的烟渍深深烙印在了我的心里。

快进到2011年，我和其他摄影师在拍摄尼康D4的活动。在这份工作中我得到了一些很好的照片，甚至有些可以称为很出色，但人总不会满足，对吧？当你在干一件大事，作品有可能为人所知并将受到网络上的评判时，你就会全力以赴。金钱、名誉，都岌岌可危。还有什么能做的？我应该去哪儿？我仿佛在深不见底的深渊，充斥着渴望、焦虑、自我怀疑。我睡觉时想着工作，洗澡时也想着工作，宛如一块特别坚韧的肉干，总也嚼不烂。不仅仅是在拍摄，而且是在将它概念化，在脑海中进行设计，然后运用相机、指挥照明、挑选模特。

拍摄任务就像只湿漉漉的大狗，半夜趴在我的胸口，张大嘴巴对着我的脸呼气。我无法忽视它，也无法逃避，休息也变得不可能。在这项工作进行期间的某天晚上，我突然惊醒并从床上跳了起来。那扇窗户，那里还有张照片，我得回到典藏厅。一张照片的创意、一场宽高比为3:2的梦境，在我脑

海中盘旋。这便是摄影师不得安宁的睡眠：时隔25年还在惦念一张未发表的照片。摄影师是否都这样？还是只有我特别严重？

我给我们了不起的制作人、工作室经理、所有问题的解决者林恩（在第二天早上的合理时间）打了电话，跟她说："无论如何，让我进典藏厅。"不知道会多困难，但我们有时间和预算，我需要这么做。

凭借她不懈的努力，我们做到了。一通通电话，各种费用、保险、工作人员、设备……一切都是为了再次见到1/4个世纪以前我看到的那扇窗户。自那次超级碗比赛后，我就再也没有踏进过典藏厅。但当焦虑如此强烈、脑海中的画面如此生动时，我应该去追求它。勇敢面对吧，否则睡都睡不好。

我和乔·拉斯蒂（左图）、查利·加布里埃尔（上图）这两位典藏厅爵士乐队无与伦比的常驻音乐家进行了合作。我将闪光灯设置在大街上，在旧窗户上铺了床单。

在乔的架子鼓旁拍下他的照片时，我在液晶屏上看着照片，心里一片安宁。照片拍好了，许久前便开始写的"学期论文"终于交上去了。

第 7 章

把闪光灯藏好！

给闪光灯编号是个明智的做法，尤其是在使用多盏闪光灯并习惯将它们藏在不太可能的地方的时候。例如，你绝不会想到把一盏闪光灯放在一架 F-16 战斗机的进气口里（对页）或者一架 F-15 战斗机的驾驶舱里（右图），又或者是生产线上的一架 F-22 战斗机上（下页）。

当然，你也绝不会想到把它们放在波音777的涡轮风扇发动机上（下图）。匆忙收拾的时候，往往天色渐晚，短小精悍的小家伙们不再发光，也就无法提示位置，很容易就会不见。最好用一些彩色胶带来给这些颜色单调的闪光灯加点色彩，并给它们以及各自的盒子编号，以免拍摄结束后发生混乱。开车离开时，问问助手："6号放哪儿了？"这远远胜过问自己或助手"所有闪光灯都打包好了吗？"回答说："呃，应该是吧。"这可不妙。

给它们编号，记住它们，这好比孩子们在外面玩了一整天之后，要确保他们安全到家。做法超级简单。只需要彩色胶带和一支马克笔。不需要想象力，也不需要做得多精密，除非你有这方面爱好。我认识的一位杰出的摄影师——戴维·霍比，摄影博客Strobist的创建者，因拥有大量热靴闪光灯而闻名。他曾经不仅将他的闪光灯进行了编号，甚至还为电池命名。

第 8 章

曾记否，AWB是支乐队？

AWB如今仍有演出。我很久以前买过几张他们的专辑。大热歌曲《收拾残局》堪称R&B/灵魂乐的标准，并且活力依然。

如今在摄影业的行话里，AWB指的是自动白平衡，是摄影师袋子里最高效的工具之一。AWB是我首选的平衡模式，至少在拍摄开始的时候是。它能为我预报拍摄地点的自然色彩，无论是室内或室外。我会对AWB的意见进行评估，并以此为根据采取行动。你可以根据光线情况将白平衡从自动模式转为各种固定模式，也可以在相机中将某个平衡的色彩响应进一步拉到光谱的合适位置，对白平衡进行定制。如果想要多点蓝色或红色，用指令拨盘按自己的想法调整白平衡即可，或者输入开尔文值。无限色彩选择，尽在一个按钮。

这里（下图）是以前摄影师能用上的白平衡控制。

柯达 Wratten 滤光片薄薄的、易被刮花，所有色彩都精确平衡，具备众多渐变效果及可能性。色彩转换滤光片、中性滤光片、色彩校正滤光片——这些滤光片的存在都是为了在使用那些不可改变、不容犯错、颜色特定的幻灯片时，为愁眉苦脸的摄影师带来奇迹般的恰当的色彩平衡。

20世纪80年代末，我连续4年为纽约证券交易所拍摄年度报告的照片。这份工作让我收入颇丰。市场发展蓬勃，交易所极其渴望得到一些视觉资料，以塑造其未来感并展现其能够充分服务于日益关联的全球商业市场的形象。换言之，他们会带我去一间破旧的房间，里面摆着几台古老的计算机，然后希望我拍出企业号星际飞船的效果。用我的摄影师朋友格雷戈里·海斯勒的话来说，这就是一次前往"滤光片之谷"的狂野旅程。客户的特殊愿景完全脱离了现实，但我无所谓。像他们那样每天付给我2500美元，什么滤光片我都可以用。

他们会要求我拍一间实际是这种样子的房间，如这张光线有限、基本不加润饰的扫描图所示（下方左上）。然后把它变成下方左下图所示的效果。

这间房间并没有真的发出蓝光（下右），而是滤光片赋予了它未来感，让它看上去像间实验室，很有科技感。

我为年度报告构建出的未来幻想是"无纸化交易所",而一直以来交易大厅其实是这样的(右图)。

在交易大厅里,我没有任何控制权:不能打光或使用滤光片,只能在相机上做出反应。如果我用意外的闪光打扰了交易员——偶尔也难免——那些服用了大量咖啡因的百万美元交易者就会暴跳如雷,海量辱骂随即从四面八方向我袭来。纽约证券交易所的交易大厅就是座雷电堡(出自电影《疯狂麦克斯3》)。

色彩很重要,并且那时还没有Photoshop,相机里出来的内容几乎已成定局。那个时候的交易大厅的灯光是我遇到过的最恶劣、最混杂的光源。这简直算得上是色彩的黎曼猜想,无法可解。我手上只有相对迟钝、低效的室内Ektachrome胶片,其色彩响应、纹理结构和细节深度都很有限。较好的反转片都是日光平衡,光泽质量更佳。但很不幸,交易员们并不在室外做股票交易。

显然,chrome胶片并没有附加元数据。你必须先进行测试并做笔记。下方是我很久以前做的幻灯片的页面,我将不同胶片与不同滤光片组合,并注明是否使用了闪光灯,如果是,再

但凡拍下的肤色能跟 "好" 字沾点边，就已经算是胜利。

注明闪光灯上需要的滤光片。

　　这项工作令人麻木而且重复，也很难做到精确。外景拍摄移动速度快，即使有了这个，能制作出来的最好的东西也只能是大概意义上的好。但凡拍下的肤色能跟 "好" 字沾点边，就已经算是胜利。

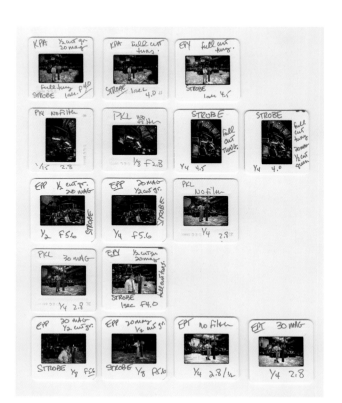

的确，那是些糟糕的旧时光。但糟糕的时光也有个好处，它不像现在对能做什么、能去哪儿有诸多限制。在交易时间，我可以待在交易大厅顶上，用电机驱动的玛米亚 RZ Pro II 配胶片卷片器和球形鱼眼镜头拍摄。整套设备奇重无比，我将它们安全地安装妥当，若有任何闪失，下面的人就遭殃了。不过他们想要这些照片，于是只能允许我在那里拍摄，俯视着下方的狂乱。

　　从那个位置拍摄的照片中，我最喜欢的是这张（对页上图）。这是原始 Chrome 胶片未经润饰的扫描件。这张照片从未发表过，我提交给客户的是其他版本。原因是 chrome 胶片有损坏，图像最右边可以看得出来，上面有白色斑点，乳剂也有裂缝。

　　这些破损意味着这张 chrome 胶片在 "剪切测试" 中受损，该测试是指在冲洗房通过化学测试来确定整筒胶片的处理需要加强还是减弱。如果是重要的工作，会用几帧画面来运行这些测试，而不是简单地将整筒或一整批胶片放进化学试剂。这是在冒着可能破坏几帧画面的风险，确保整次拍摄的曝光真正适当。这张照片便是受害者。这不是冲洗房技术人员的错。那些人真的很神奇，在黑暗中量取一小段胶片，然后夹在金属夹子上放进乳剂。这次纯粹是运气不好。你看到的破损就是夹住胶片的金属夹子造成的。

　　为了把这张照片放进本书，我请人修复了这张 chrome 胶片。虽然修复了破损的地方，但没有校正色彩，效果如图所示（对页下图）。

最后是润饰并校正过色彩的版本（上页）。如你所见，在色彩方面，即便现在有那些高超的色彩校正工具，纽约证券交易所仍然是那么难以"驾驭"。

在发现那张照片的小事故之前，我还用全景617相机拍了些照片，幸运的是，纽约证券交易所更喜欢这张照片（上图）的风格。

变数太多了！从滤光、光线、表情，到剪切测试托架上那细小尖锐的锯齿，以及当天冲印房是否很热？化学试剂是否已经快到使用极限？泡着胶片的显影剂是否调整妥当，状态极佳？

最佳做法永远是先进行测试。

最重要的是，你的胶片是实物，是装着满满一袋物品、非常贵重的一个包。拍摄时既无备份，亦无虚假。没有数字技术人员负责实时把图像无线传输到计算机上并自动备份在3个独立硬盘上。因此，若是丢了包，就丢了工作。像证券交易所这样的本地工作较轻松平静，从华尔街去到冲印房即可。

泡着胶片的显影剂是否调整妥当，状态极佳？

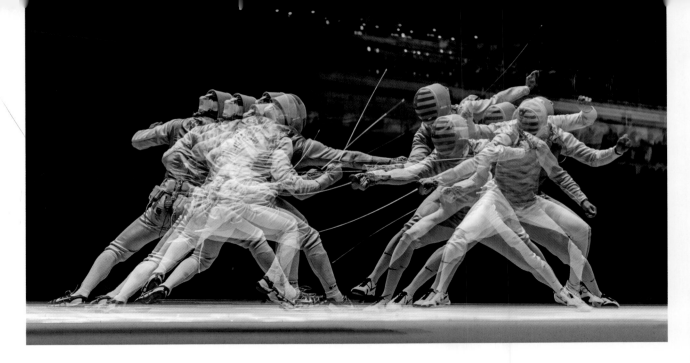

在外景地则通常需要把胶片收好、运走。我在印度为《国家地理》拍摄了3个星期，然后把拍下的300筒Kodachrome胶片装箱，交由联邦快递从孟买运到华盛顿特区，等了3天才确认到达。那个箱子里装的是我3个星期的工作成果。其实不止，整项工作的所有成本记录都在里面，包括机票、住宿费、餐费、人员费用等记录。前面"相信机器"一章里提过的为《国家地理》拍摄的封面照中我喜欢的一张（65页），也在那个箱子里的一筒K64胶片上。

再见！祝你好运！这也许是我对现在的存储卡插槽热潮相对感到平静的原因。有第二个插槽非常好，我想这对如今疯狂的数字时代来说必不可少，但我不会因插槽、像素的数量或形状而失眠。相反，我选择陶醉于当下的可能性。

世界级击剑运动员的即兴手持多重曝光（上图）。

飞翔的舞者、无反技术、自动对焦、瞬间确认拍摄完成、仓促之间完成的按钮调整（对页左下）。

闪电般的帧率（对页右下），无线TTL闪光技术、明显距离较远（对页上图），以及Kodachrome胶片做梦都想不到的色彩响应（92页图）。

鉴于上例，你可能就会明白为何我对现在的一些摄影博客和播客毫无耐心，他们总在任性地尖叫，抱怨这台或那台相机缺少一个或两个像素，而这显然是吸引听众的好手段。你到底期望相机为你做多少事情？除了按几下按钮就能解决白平衡问题外，它还可以自动对焦、自动曝光、指挥自动闪光灯、为你提供分辨率和取景的选项，还支持存储卡，可以保存的照片数量之多，堪称摄影世界的远洋油轮。它也可以无声、快速或慢速地拍摄。

拍下的原始文件可以通过后期制作而"破茧成蝶"。

如果简单明了的色彩润饰或瑕疵修复仍不足够，还有琳琅满目的软件供选择。这些软件都可以做到快速修复，一键式调整照片。照片变成了扔进微波炉里的速冻晚餐，而不是在炉火上煨着的老火汤。写这本书的时候，我浏览了当下流行的几个软件，其中有一些很神奇的发现，这些软件可以把照片里的夏天变成秋天，可以免费抓取别人的照片，当然还可以替换画面里的建筑和天空。就称它们为蒂莫西·利里（著名心理学家）套装吧，它们将照片带进一场迷幻之旅。"入此门者，摒弃一切希望。"

当然，也有些正常的软件，非常有意义，在理想的情况下使用极其方便——比如对为当地儿童棒球队拍摄肖像并必须迅速交付数百张成品图像的摄影师来说。

现在这个时代的镜头非常好，ISO简直"爆表"。仔细看看我那些做了记号的测试胶片，看看上面做的记号。看到快门速度了吗？它们这么慢的原因是当时我已经碰到了ISO的天花板。如果我让一张室内Ektachrome胶片豁出去来加快快门速度，胶片的结构就会爆炸成一堆松散连接的点。客户期待的是清晰明确的业务照片，而你交出一幅印象派绘画作品，失业指日可待。

右图拍摄的是2016年里约奥运会上摔跤运动员的身体细节。当时的拍摄条件为室内、800mm镜头、自动对焦、ISO 6400。而多年前根本不可能拍出这种照片。

如今相机和镜头都令人叹为观止，再加上没有限制的后期处理，你真的认为还有什么不适当的地方值得被谩骂吗？嘿，如果你要找什么与预期不符的东西，试试认真看看自己的照片吧。我就是这么做的。照片中可能缺少什么？是形式和内容吗？躲在像素之森那茂密的树丛中抱怨相机缓冲的不足妨碍了你的壮丽画面，这很容易。但当你"一丝不挂"地站在聚光灯下交付作品供人审视，像在汹涌海浪中抓住救生圈一样紧紧抓住相机，同时还得展现出信心，而这一切都发生在你已经因还不起房贷而寝食难安的前提下，这就难了。

踏上拳台。大胆冒险。追逐你想象力的那颗彗星，看看它能将你带到哪儿。感受失败的重击，被打趴在地，功亏一篑。尝尝布满血汗的帆布台面的味道。然后站起来，注意力重又集中在相机上。因为归根结底，这事关乎于你自己如何看待，以及是否有人真的在乎。

好吧，好吧，到此为止。此时的我有点像我母亲那最吓人的样子："先生，你有什么不满意吗？哈？我给你点儿不满意的理由吧！"边说边挥舞着任何就手的厨房用具。

拍照去吧。

第 9 章

拍摄卓越

我多次说过,作为摄影师,真正美好的一点是你会经常被召唤前去见证卓越。你会被派往某地为某人拍摄,因为他具有独一无二的形象或无与伦比的技能、才智、热情,而他们丰富的知识和天才般的敏锐,正是催生其才华的超级动力。你之所以前往,是因为他们长年累月钻研打磨出来的天赋正在等待着你的相机,如嘶嘶作响的高压电线般蓄势待发。他们在高处搭起了帐篷,我们只能从远处呼叫,希望他们放下一根绳子。

拍摄过程必须谨慎并心怀尊重。当一个人处于创作过程中时,无论你是在与他合作还是在旁观,无论是哪一种创作形式,你都最好记住著名作家乔伊斯·卡罗尔·奥茨经常说的那句话:"中断是创造力的敌人。"也要记住,你的拍摄对象可不是自动弹球机,不是投个币就能开始玩弹球。

尽管他们在某些方面非常出色,但这并不表示能做到那样很容易。他们仍然必须用他们的脸、身体、思想和姿态来召唤它。外来噪声、侵入其空间的干扰、漫无边际的闲聊、没完没了的快门声、总是中断拍摄来查看液晶屏——所有这些都是会扼杀创造力的干扰。

多年前,我受某电视舞蹈特别节目委托,为著名的派洛布鲁斯舞蹈团创始人之一摩西·彭德尔顿(下页)进行拍摄。他是个了不起的拍摄对象,给我上了一堂早期的艺术家摄影课。调整好状态后,他们所有的感官经常会处在一个我们其他人不熟悉的高度。当时工作人员正在拍摄,我在摄像机后面用一台徕卡M4静静地拍照。相机出了点问题,不严重,但我低声(或者我以为是这样)嘀咕了一句:"糟糕。"

彭德尔顿突然停止了表演。他看着导演，问出了什么问题。导演说："没事啊，你为什么停下来了？"他说他听到有人说"糟糕"，以为出了什么错，便停了下来。我在相机后的黑暗中呆住了。在摩西与我之间的工作人员中，没有人——没有任何人——听到任何动静。小风波过去后，拍摄继续。从那以后，当一位艺术家、演员或舞蹈家

在镜头前培养情绪或做准备动作时，我会尽量在镜头前保持安静。他们在头脑和心灵中创造出的空间都需要竭力维护，不容侵入。

而拍摄本身就是一种干扰，你光是待在那儿就已经很碍事了。摄影圈里常有人说："我和那家人待上几分钟，获取他们的信任，然后我就'隐形'，只用眼睛观察一切。"这通常是自欺欺人的。获取信任需要时间，而时间往往正是我们这个常有期限限制的领域所缺乏的。你去到那儿，提出要求，问些问题，确定方案，然后就把镜头对准那些双方同意的东西。那些著名的艺术家、超凡脱俗的人，都很少（几乎从不）会花时间与你建立起关系并在拍摄过程中与你愈加亲密，继而让你得到真正兼具内容与深度的、一组像金灿灿的火腿一样妙不可言的作品。

这并不是说摄影师不能随着时间的推移创作出细致深刻、美丽真实的作品。看看萨姆·埃布尔为《国家地理》所做的纽芬兰的报道，研究一下比尔·阿拉德的文章，比如他有关福克纳《密西西比》的作品。大卫·道格拉斯·邓肯与毕加索成为密友，由此产生的作品可谓珍宝。阿米·维塔莱已经在肯尼亚的蕾泰蒂大象保护区拍摄了10多年。许多摄影工作者都为摄影投入了大量的时间和心血，热诚地追逐着一个或多个在他们心中回响的、需要讲述的故事。支撑着他们的，除了顽强的精神，通常还有东拼西凑的来自出版社、津贴、捐款和自己银行账户的支持。工作丰富了一切，拯救了创造它的摄影师。这一举动显然不是出于商业目的，而是出于爱。

若说从事长期摄影工作并与所拍摄的人或社区建立起真正信任的摄影师有什么共同点，便是花费了时间。时间确实很宝贵，也是这个行业里任何出版社或委派者都极少送给摄影师的厚礼。我们在任何地方从任何编辑口中首先听到的几乎都是预算或日程。

因此，我们经常处于这样一种状态：做好研究、做足准备、前去与拍摄对象会面、开展拍摄工作、然后完成拍摄。虽然仓促，但这并不妨碍你给拍摄对象一点时间、空间和尊重，也不妨碍你去呈现从研究中获得的想法。镜头前主体的身与心也许都会被吸引、鼓舞，从而令照片充满活力、乐趣与内涵，甚至令人难忘，或者至少会令客户喜欢。

有张照片一直困扰着我，那是我为著名喜剧演员史蒂夫·马丁制作的一张多重曝光的照片。我曾在其他地方简单提到过，和史蒂夫在一起，你面对的并非是一个"狂野、疯癫的家伙"，而是一个智商很高并有点害羞的人。他只是不大情愿把时间花在好莱坞称之为"宣传"的这件事情上面。

在为《生活》杂志的拍摄中，我和他共处了4个小时。我迫切需要一张主图来打开故事的局面。我做足了功课，看了他的电影和节目。在约翰尼·卡森《今夜秀》的一次脱口秀中，约翰尼在调侃自己的幽默的，史蒂夫开玩笑地提到他让观众"破涕为笑"。我抓住了这一点，因为他的喜剧中一直带有痛苦、尴尬、含蓄的元素，这源自其超然物外、不带感情色彩的观察。这让我有了多重曝光和亦悲亦喜多重伪装的概念。

拍摄前一晚，我和助手加思在酒店用我那台玛米亚 RZ67 Pro II 做了一系列多重曝光。这台相机有个按钮，按下时可以把同一帧胶片留在原位，这让双重曝光变得"容易"。我们用宝丽来胶片拍下样片，标记出灯光位置、功率和光效附件的位置。第二天早上，我们去到马丁的家里，那是水泥砌成的碉堡一样的地方。我心想，嗯，房似主人形。

我给他看了那张样片。

你的拍摄对象不是自动弹球机，不是投个币就能开始玩弹球。

他看着那张样片陷入沉思，而我却在全力寻求他的投入。后来他参与进来了，原因有二。第一，这个概念对他的高智商有点挑战。第二，这让他有表演机会，而不仅仅是坐在那里，在镜头前摆出漂亮姿势。我跟他说我有两个要求：我工作时要用黑暗的空间，以及他要穿黑色衬衫。都没问题。加思和我带着前一天晚上制作的技术草图去到地下室，找到了合适的地方。加思（优秀摄影师兼好朋友，可惜已过世）便开始拿着灯光和装备上下折腾，留下我和史蒂夫在一起，我趁他在这间天花板很高的宽敞房子里漫步时利用现有光线拍摄。

然后，加思在地下室喊我们下去。万事俱备。

第一批测试样片都是用的宝丽来胶片（对页左上）。

确保画幅有足够空间让史蒂夫改变头部位置后我就开始转动胶片。我得用照片填满《生活》杂志的 6 页版面，却只有 4 个小时的拍摄时间。在相机前我闭上了嘴，让拍摄慢慢开展。看得出来，

他正在脑海里进行着激烈的创作，对情绪、细节和手势进行构思。没有对话可利用，没有台词可说，没有音乐烘托，只有他自己，黑色衬衫、黑色背景。这张照片的成功完全取决于他无比灵活的脸以及脸上呈现出来的内涵。我完全没有打断这个过程。

与有名望或有水准的人合作时，应该把你的装备搬去他们那里，而不是让他们过来。不管是出于日程或后勤安排的考虑，还是因为他们需要待在熟悉的地方并避免不必要的打扰，都应当去他们那儿，并且带上拍摄需要的东西——他们需要的东西。当他们感到舒适、平衡、自在，知道自己正在被照顾，就会放松下来，呼吸也更顺畅。这很管用——对你很管用。你创造出舒适的方法和空间，他们回馈你更好的照片。很简单。

与有名望或有水准的人合作时，应该把你的装备搬去他们那里，而不是让他们过来。

这么久以来，我与许多运动员合作过。尤其在奥运会临近的时候，那些奥运选手对自己要做什么、不要做什么非常紧张，这可以理解。我在1996 年奥运会开始前拍摄裸体运动员时，亚特兰大的格温·托伦斯——世界上最好的女子短跑运

动员之一，在我的邀请名单上名列前茅。她会给我当模特吗？

答案是可以，但问题是她得专注于自己的训练计划，不能离开埃默里大学田径运动场。她可以在跑道边上给我当模特，中午，在一帮正在训练和吃午饭的人中间。

我带上了几个架子和一些杜法丁绒布，在看台上为她造出了一个"影棚"。"影棚"上方放上一块丝绸，用一点点大而柔和的闪光来增加柔和度。这并不完美。我们的"影棚"有好些部分都门户大开，但她不在乎。她并没打算去一家市中心的高档照相馆，然后喝着拿铁等着我们为拍摄做好准备。她的训练就是她那时候的生活动力。任何步伐、时间和强度的改变，于她而言都不可接受。和摩西在舞台上一样，她也调整到了罕见的强度水平。

她就在那里褪下衣物，立即舒适地走到镜头前。她一个眼神便掌控了镜头。真是位才华横溢的美丽女性！在她无视来自队友的笑声和喝彩声的同时，我飞快地拍摄。她凝视着相机，透露出力量与宁静。

当一个人的思想和目标坚定如此，你所有的技能、决心和摄影技巧都只是在为他们服务。他们所处的空间，我们甚至无法想象。

我把影棚也带到了美国芭蕾舞剧院，但很奇怪，在这里进行设置要比在田径场更困难。我们得推着设备走过长长的走廊，还要遵守许多可做与不可做的规则。这一天的现场拍摄非常漫长。

当朱莉·肯特和马塞洛·戈梅斯毫不费劲地缠绕在一起，摆出完美的舞蹈姿势，甚至手指姿势都一一呼应时，我在相机背后感到前所未有的紧张。他们追求完美，而这支舞的创作人、舞蹈

指导拉尔·卢博维奇的指导极其严厉、坚决。相机背后的我大气都不敢出，心想万一拍摄不太顺利，给个洞让我钻进去好了。这不是可以轻视的事情。因为相机上的一个操作错误而要求他们再做一次，嗯，这会是不可原谅的。我把手指放在快门上，像听火箭发射倒计时一样紧张。

而就像火箭发射一样，这一刻转瞬即逝，不可重复。闪光灯亮起，这张照片后来被广泛用于展示朱莉和马塞洛这两位传奇舞者的精彩合作。

这种卓越是镜头前可遇不可求的天赐之物。

尊重它，拍下它，别打断它。

也尽量别搞砸它。

如今要把装备搬到主体那儿比过去容易得多。交稿速度和拍摄对象的舒适最为重要。客户现在都希望图像一出相机就立刻交付给他们，而我们希望拍摄的内容数量日增、承诺过度，要求更精确、速度更快的解决办法。行业的回应是创造出名副其实的可折叠、袋装、轻便、一拍即合的解决方案集合体，即使是一个人也能拎得动。这些能让你很容易——好吧，较容易——地前去你的拍摄对象那儿，待在他们的舒适区或势力范围之内。放在过去，这得用上一支骡队。现在，弹出式背景比比皆是，小而强的灯光亦是如此。需要接电源吗？不，我们有电池供电！还有各式光效附件，重量轻、效率高、效果好。闪光灯的控制和调整也很容易：主灯+1，背景灯-2，全部无线操作。无须再用胶带将电线贴在地毯上。三脚架也用上了各种坚固而轻盈（相比之下）的材料。

图库摄影的销量怎么样了

随着图库摄影市场往谷底直冲，逐渐地，我收到的支票上的金额也越来越小。有些金额小得可笑，甚至对不起印刷用的那张纸。

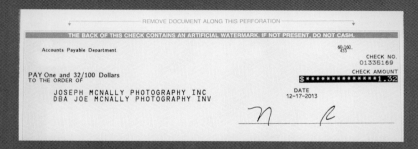

很抱歉，形势一直在恶化。

2020年底，我的代理机构寄出了0.17美元的款项。谢天谢地，这一年过得紧巴巴的。

The following payment has been remitted.							
Payment Reference Number	423236						
Paper Document Number	6110905						
Payment Date	Dec 17, 2020						
Payment Currency	USD						
Payment Amount	.17						

Remittance Detail							
Document Reference Number	**Document Date**	**Document Amount**	**Document Currency**	**Amount Withheld**		**Discount Taken**	**Amount Paid**
G202010-1738	Oct 21, 2020	.17	USD			.00	.17
					Total	.00	.17

但往好的方面想，至少这笔钱直接打进了账户。

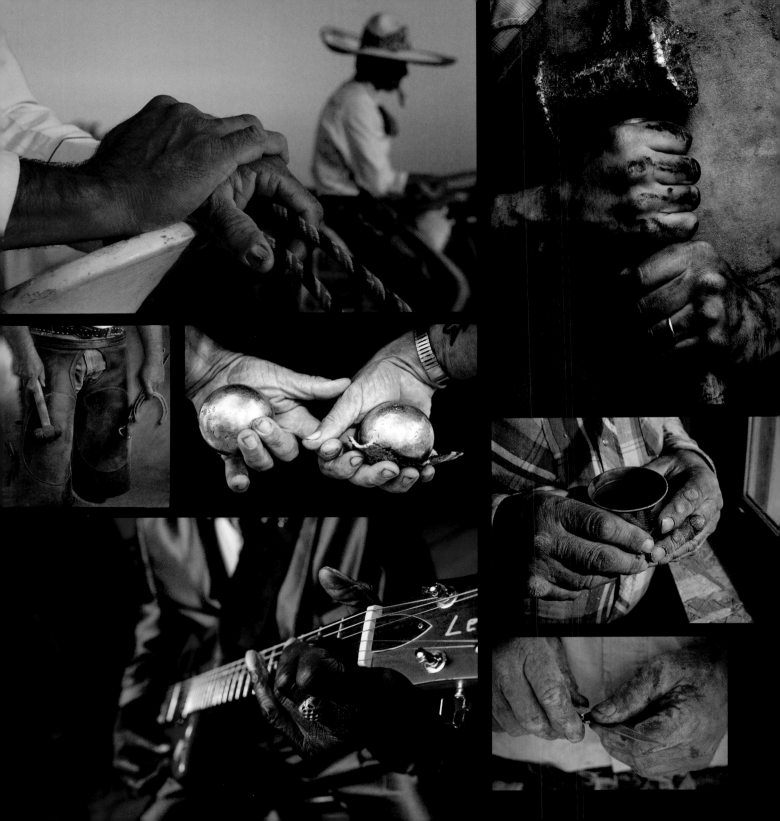

第10章

勿忘双手

著名的《生活》杂志摄影师约翰·洛恩加德在整个职业生涯中都在拍摄手部。后来成为摄影总监后，他总会建议外派摄影师将双手列在需要检查并可能拍摄的清单上。

我曾多次为约翰执行拍摄任务，时至今日，他的建议仍让我回味无穷。我认为双手令人着迷。

它们能揭示许多东西，我们通常可以借此了解某人的生活及职业，这往往与其身份密不可分。再结合其业务工具——拿在手里感觉舒服的熟悉物品（因为每天工作都在用），则更有冲击力。双手能与人交谈，它们具备历史，也在讲述着故事。

第11章

如今之易与不易之事

任务：拍摄1977年昆斯伯勒大桥的重新粉刷现场。客户：合众国际社。

在之前用反转片或负片拍摄时，编辑这词的意思就是选出最好的一张照片，然后打个孔，印出来。

现在编辑有着截然不同的内涵。编辑过程远不止于单纯的选择，还涉及各种色彩工具、锐化工具、插件等的使用。编辑自身就是一个行业，称作后期制作。这是我们在"浏览"过后的下一步，其过程快速、流畅。

总体上这是好事。单击、移动、拖放。在编辑程序中打开照片，将观察而得的现实调整成与摄影师"心眼"中的东西相似的样子。

这也很好。很多摄影师都在做着引人入胜的工作，对他们来说，按下快门是整个过程的开始而非结束。在影棚或现场简单的一次或一系列的按快门的动作，可以引发整套编辑软件数小时或数天的努力，将从现实世界中获取的像素集合、剪接、着色、增强，继而化为另一视图或意识，很酷。

还有大批风格各异的摄影师在观察、报道和描绘着自然世界的各种事件和人物，他们使用后期制作工具完成基本的暗室工作。放在过去，这得在潮湿的冲洗房里花上好几个小时，现在，从相机拍摄到将照片放进计算机，再到调整对比度、饱和度、锐化，添加标签和关键词，投入互联网生态圈，都是几分钟的事情，有时甚至更短。在图森市用iPhone拍摄的快照，用手机的编辑应用程序编辑并发布到社交平台上，数秒之内身处孟买的人就能看到。在这数字时代，很多摄影师没有时间在Dektol显影液和相片晾干架前悠闲地等候。

不用说，上述操作都不需要打孔机、爱克发放大镜，或叼着雪茄光是看见你就已经火冒三丈的通讯社编辑。

不容易的是——现在实际上几乎不可能的是——爬上那座大桥。

再说一遍——多数情况下，这是件好事。相机和计算机之间无比优秀的伙伴关系增强了世界各地的摄影师的能力，使他们能够开展工作并创造出自己一直渴望得到的东西。它允许摄影师成为"光杆司令"。影像的世界没有限制，摄影师独自一人便可制作出自己与观众间的网络通道，不受自身地位或地理位置的限制。我们不必再把胶片罐塞进大信封，等候骑着摩托车的信使到达，然后晚点再在办公时间查看进展，看看自己那卑微的努力有多少使用价值。

我们也不再需要讨好、乞求或以其他方式诱导出版社、代理机构或艺术总监发表自己的东西、使用自己的故事、考虑自己的照片。我们可以创造自己的报道空间与视觉影响范围，独立于出版界而直接与大批观众对话。在那些财大气粗的杂志社拥有极大权威和控制权的日子里，作为年轻摄影师，我会拿着自己的幻灯片、穿着相对破烂的衣服，毕恭毕敬、惴惴不安地走进纽约第6大道的时代生活大楼。不要直视伟大编辑的眼睛！在他们轻快地走出电梯然后坐进伊莱恩餐厅的固定位置的时候，要站到一边，嘴里不断说谢谢。在这勇敢的（相对而言）、崭新的数字世界里，摄影师们大都在自己创造着自己的未来。

我们有出色的工具相助。拍摄、编辑和出版都很"容易"。不容易的是——现在实际上几乎不可能的是——爬上那座大桥。

　　多年前的那一天，纯粹是在该死的竞争意识的驱使下，我登上了昆斯伯勒大桥。我了解到工人们正在粉刷大桥，而当时纽约有个摄影师做了很多高层建筑的拍摄，于是我决心不让他独占鳌头。其时我还是《纽约每日新闻》的工作室学徒，真正的无名小卒。那时我的全部工作就是处理其他摄影师的胶片及标题。我身上唯一值得一提的，便是有着要拍出也许能引起别人注意的照片的强

烈欲望。当然，这没人在乎。

　　于是在一个美好的休息日，我扛起杜马克包走到桥上。我见到工头，和他握手并跟他说我是《纽约每日新闻》的。这是实话。我跟他说我有个任务，要爬上桥拍摄粉刷匠的故事。这是谎话。他耸了耸肩，把一个较为年长的人叫了过来。"他是《纽约每日新闻》的人，带他上去吧。"

我们便开始攀爬，没有安全带。我从钢架上线缆的外面往上爬，上面涂了新漆，又湿又滑。爬两步，滑一步。我全身上下都是橙色油漆。没有手套，没有安全帽，也没什么关系，大不了下面东河见。带我上来的那人满腹牢骚："他们应该先告诉我们你要来的！"

> 我们便开始攀爬，没有安全带。我从钢架上线缆的外面往上爬，上面涂了新漆，又湿又滑。

没人打过电话，因为谁也不知道这事。

我在上面待了一天，在漆面上滑来滑去、爬上钢架，以黑白和彩色模式四处拍摄。合众国际社发表了这个故事，大概是6张照片的一个系列。这段故事开头的负片上的孔是传奇人物拉里·德桑蒂斯打的。

那是1977年。我只是走到桥上，打了个招呼，没有出示身份证明、文件或任何证据，就爬上了那座该死的桥。现在你去试试看。

就像他们说的，时代不同了。

现在，大量的文书工作、保险、需要参与和签署的城市官员、事后对图像使用的限制、向对桥有着重叠管辖权的各种机构和管理部门提交请求——这是片深不可测的丛林，很可能让你有去无回。这座桥连接着曼哈顿和皇后区，所以你很可能要面对重复或相悖的规则制定者、拍摄妨碍者，他们的存在就是为了粉碎艺术和梦想。遇到这种情况时出版机构出面交涉会很有用。《国家地理》杂志社接触的人通常比你这普通摄影师的博客粉丝多得多（反正上次我查过了）。但即使是那家杂志社也只会以恳求者的身份进行交涉，它们已不再能支配这一切。

事实上，如今要爬上这样一座建筑的机会几乎为零。你能做的只是在日出或日落时从远处拍摄，也许可以在某条街道人行道上一个能看到桥的好角度用长镜头拍摄。

在这之后，像前面说的，事情就简单了。传输文件、备份、排序、挑选、评出星级。可以调整色彩、提高天空的饱和度，再将之设置为社交平台个人主页的横幅，然后坐下来，等着点赞蜂拥而至。

这一切都可以轻松做到。打孔、编辑、暗室，都不需要。计算机和互联网直接连接全世界。

做不到的，是爬上那座桥。

噢，关于那张你可能要从人行道有利位置用长镜头拍摄的大桥照片，如果你想摆个三脚架，按法律规定是需要申请许可的。

第12章

在窗户上花点工夫!

这里说的窗户是指一扇很大很大的窗户,不过它的功能和所有窗户一样——提供光线。这也是摄影师的希望所在。窗户光不能笼统地归为某一类型。太阳一如既往,窗户亦与之相适应。但在某些地方,尤其是有魅力和个性的地方,窗户能将光线化为童话,将之吟唱、剪裁、塑形,让它从地板或墙上反射。室外阳光刺眼,把镜头对准炽热阳光下的场景,进入镜头的光线会将镜头单元上的涂层灼伤,如死亡射线般毁灭像素。但如果在同样条件下走入室内,那些刺眼的光束可以反射、漫射,掠过墙壁和天花板,以最有趣的角度和方式四处飞跃。窗户的形状能将粗犷的阳光塑造为可用的图案。

窗户也可以实现柔光箱做不到的事情。光线几乎每一分钟都在变化。云朵不断飘过,太阳缓

慢移动,光线角度亦随之变化。若照在凹凸不平的窗帘上,光线即变得奇怪而引人注目。如果窗帘中有那么一个空隙,光线就会像一群兽人般嘶叫着汹涌而入,在照射到的任何事物上画出粗糙的图案。黏附在窗格表面的灰尘和污垢还可以使色调和色彩变得微妙或强烈。简言之,千变万化。其中乐趣无穷,细微差异变幻莫测。窗户光令摄影伞及其可爱但乏味的可靠性自惭形秽。

太阳不停移动,曾经死气沉沉的厨房窗户,几个小时后就像啦啦队般活力四射。像现在这样让拍摄对象站在窗边,效果就很可爱,或者进行调整之后也可以呈现出美丽的效果。根据照片元数据,我花了大约一个半小时来处理这扇带有古老帘布的巨大窗户。有时我会进行调整,有时则顺其自然。

情。拍摄用的是尼康Z7无反相机，搭配35mm镜头，光圈为f/1.8。背景渐隐，层次丰富。

10：19时我拍摄了左图这张照片。模特直接站在直射的阳光下，强烈的光线加上花边状的阴影，值得一试。但在这里为高光曝光则无法兼顾阴影，阴影会迅速变黑。应对方法当然是照亮背景，即房间。房间天花板是9米的手工雕刻的木板，墙壁也没有反射光线的可能。

这意味着需要用上柔光箱或摄影伞，甚至可能是多盏灯，令房间内的光线丰富一些，也许还要来点轮廓光，令她更具立体感。可能需要为她的头发和双肩用上长条的蜂巢网，然后在相机左侧高处放一把较大的柔光伞。这当然可能会令光

此处挑选的照片摄于上午10：10（上图）。使模特置于阴影中，不受强光影响，但从地板反射上来的光线令她闪闪发亮。补光板反射的光线也发挥了一点点作用。面对镜头，她摆出了适当的沉思表

线四处散射，所以需要在另一个支架放上一块大的柔光旗板来调整。这可是重活儿，得让团队参与进来。然而午休时间迫近，另一位模特也差不多化好妆了。要不要在这里花时间？其他毫不费力的做法可能成果更丰，还在这里费工夫么？

有人可能会认为画面中包围一切的黑暗让她看起来美丽而危险。在图片编辑从眼镜上方盯着我并想知道为何选择这张照片时，至少这是我会给出的理由。但环境是重要的信息，因而前面说过的一些额外的照明措施在这里是必需的，这样才能让这张不完整的照片接近完整。我在液晶屏上查看了一些拍摄的成果，拍了不到70张，便继续拍摄了。

摄影师"工具包"中最强大的"工具"之一，是快速察觉自己的拍摄毫无意义的能力。我在10：45拍了下一张照片（右上图）。她的位置大致和第一张柔和阴暗的照片相同，但此时我后撤了一些，用14-30mm镜头拍摄。这里窗户是画幅的重要元素，像恒星般发着光，光线朝着相机位置扑面而来。如果不在曝光方面进行调整，主体便会"消失"。如果用闪光灯照亮她，打光就会被人察觉，在从窗帘透进来的自然光形成的光束中显得格格不入。光线形成束状是因为我把一层微妙的薄雾吹进了画幅中（必须微妙到眼睛几乎看不见的程度，否则画面主体就会显得过分柔和，因为烟雾将包围镜头并扼杀对比度——可能还有自动对焦。要当心！如果场景中烟雾弥漫，可以用自动对焦光标对准主体眼睛进行对焦）。

此时添加光线是必要的，因为光线从主体身边涌入，主体反而成了旁观者。但动作必须要小，不能太用力。最好能够顺应那些从窗户注入的自然光线，然后尽量微妙地将它们加以利用。它需要的是旁敲侧击，而不是用闪光灯正面回击。这就是我采取的做法。我的助手拿着一块三角反光板站在相机左侧。嗯，至少大部分时间他都在镜头外。使用14-30mm的镜头拍摄时，视角较宽，有些东西会从边缘处溜进画面，你得一直留意，像我有时候就没能留意到。

画幅所见代表着照片中唯一"被应用"的光线。抓住窗户光，然后轻轻地把它照回你的主体身上。让光线四处移动，改变光线，一边拍摄一边调整。如果你是独自工作，先安排好主体的位置，用支架、灵活的夹子和吊杆把反光板放在想要的地方，然后便开始疯狂拍摄，因为太阳的移动快得离谱，云层也可能会与你作对。

注意，像我说的那样独自工作时，三脚架的使用非常重要。做好拍摄设置，将拍摄对象安排妥当，再把三脚架架起来，这就成了你的参考点，或者至少是起点。如果要跑过去调整反光板或灯光，然后再跑回来从地板上拿起相机，就很困难。手持拍摄的话，你必须——再一次地——找到拍摄点、调整镜头焦距、检查画幅的 4 个边缘，再让纷乱的大脑平静下来。相机前你需要平静、敏锐的眼睛，三脚架则是这种狂乱中的氧气瓶。深吸一口氧气。哇，酷！相机就在原来的位置。甚至都不用去拿起来！太棒了！三脚架，酷！我们开始拍摄吧！

因为太阳的移动快得离谱，云层也可能会与你作对。

然后将相机调转 180 度，从另一个方向拍摄。受太阳移动影响，阳光形成的高光图案现在正朝着我背后的墙壁前进，拍摄角度也在逐分逐秒变小。我那拿着反光板的助手卡利是个大块头，现在只能缩成一团。所以，深呼吸一下，然后转移阵地。建议深呼吸一下，我自己就是这么做的。如果把为某个场景拍摄的照片数量换算成掌声计分器，那我一定是很喜欢这两个角度：在 35mm 镜头视角和 14-30mm 宽视角之间，我拍了大约 800 张照片。

过度？当然。没必要？也许吧，但其实也不是。外景拍摄时我的脑海里常常会有这么一个念头：我永远不会再回到这个地方、这个房间，也不会再遇到这种光线、这个主体。这是一生只经过一回的十字路口，如果我不像鬣狗撕咬黑斑羚一样全力以赴，就辜负了自己和客户。

这是将相机调转 180 度后拍摄的照片（右图），摄于 11：20。

　　这是烟雾太多时会发生的情况（上图）。它像一盏明亮的灯笼悬于画幅中。让蒸气沉淀、消散，尝试几次包围曝光，看看如何既能让场景和主体曝光良好，也能保留窗户的一些细节。这有点难，因为照片中的确存在有光源。大多数数码相机都有的高光闪烁预警功能对此会有帮助。如果是细小发白斑点，无须担心。但如果窗户区域堪称一次巨大、刺耳的"爆胎"事故，就有问题了。当然，如果相机保持静止，你可以拍下一些曝光不同的底片，随后通过后期处理合成一张。

11：24，我靠近了些，最大限度地减少窗户光（上图）。阳光在此时仍然占据核心地位，从模特右手手肘后面的亮光就可以看出来。但窗帘的优雅主导了画幅的其余部分。

　　11：34，我到了这个距离（对页图）。太阳光正在改变场景的姿态，所以我不停地让模特移动，并相应地切换镜头。这里使用的是85mm镜头、光圈f/2.8，并切换为正方形格式拍摄。

　　唯一没有真正变化的是模特的态度。她非常漂亮，但她最喜欢的表情是介于冷笑与威胁之间的。挺好的，相机将这种表情记录了下来。她可爱、冷漠的蔑视，配上豪宅优雅的腐朽感，带来了戴维・鲍伊和凯瑟琳・德纳夫主演的《千年血后》般的氛围。吓人，但炫酷。后来我拍下了镜子中的她（上图），以防万一。

第13章

得通道者得天下

在新奥尔良工作的故事中（参见"梦中的窗户"一章），我提到过比利，一位当地的消防员，在跨年夜的波旁街、在美国最喧闹的一条柏油路上那熏醉的狂欢中帮助我坚守阵地。若孤身一人前往该地，便得依靠"陌生人的善意"。在那个跨年夜，陌生人很多；善意，则没那么多。

如果你就在那里，带着昂贵的相机，没有梯子、没有帮手（最好是本地人），那个夜晚会很艰难，很难找到有利位置。

这种场合，你需要和一位中间人一起出门。中间人，有时可能被称为向导，但这个称呼总给人"客户经理"的感觉。中间人，有人脉，是了解黎明时分光线相对河岸的位置的人。若认识那位开小艇的老船夫并能让他在日出前把你带到水面上，更妙。他认识酒吧的门卫，眨个眼点个头就能让你进去。

这些年来，我曾与多位中间人合作，尤其是在执行《国家地理》的任务的时候。一些中间人逐渐在摄影界成为传奇。他们坚定、即兴、果断，不会因为不方便或"不"字而退却，他们站在你这边（毕竟是你给的钱），并尽力让拍摄得以实现。例如，我曾经认识一位正在执行任务的《国家地理》的摄影师，他遇到一个大难题，他的中间人正在用他听不懂的当地语言与官员讨价还价。尽管他听不懂，但显然谈话进行得并不顺利。中间人调头跟他说："他说绝对不行。""他"指的是那位官员。稍做停顿，"机会很大。"

追求一张照片时也必须采取这种态度：精力加决心。要有不受障碍影响的积极态度和近乎固执的毅力。如今在摄影的道路上，不入虎穴，焉得虎子。

这是我经过两次尝试才在莫斯科红场中央古姆百货商场的屋顶上为莫斯科大剧院芭蕾舞团首席舞蹈演员纳迪娅·格拉乔娃拍下的照片。第一次尝试时我被安全部队从屋顶拉了下来。

我的中间人竭力奔走，不断强调纳迪娅的名气。

　　这张相扑照片绝对是中间人促成的。到日本时我正好碰上相扑锦标赛。票已售罄。我恳求我的中间人帮忙找找门路。他给了我一个计划。粗略地说，他告诉我第二天早上在旅馆大厅里等。我要准备一个信封，装好500美元。在约定时间会有一位男士拿着我的票进来。双方不会进行任何交谈。

　　第二天，一个穿着黑色西装、白色衬衫、打着黑色领带的大块头准时走进了大厅。他没有脖子。他得解开衬衫扣子才能擤鼻涕。他的头似乎快要被衣领和领带挤爆。他的双眼眯缝，眼神冷酷，嘴巴就像是在宽阔的下颚上开了一道短短的口子。没有招呼，没有寒暄。我把信封给他，他把票塞在我手里便转身离去。位置是场边往后第五排。我扭头看着中间人，心里满是感激、恐惧与惊奇。

你的中间人知道得越多，你得以离开办公室参与的活动就越多，你的照片就越好。我曾和一个新团队在帕里斯岛度过了一周，我的中间人非常优秀。他全程和我一起，有时甚至大喊着鼓励我，整个过程都在指导着我。他知道这个团队的日常训练的哪些部分适合拍照，也清楚士兵的情绪和身体压力在哪里最明显。

中间人也是一些常见问题的答案：如何让我的旅行照片更与众不同、更好、更重要？如何才能深入某地？如何才能被允许去看至少某种程度上看不到的地方？如何才能让照片获得亲密感，就是那种当某人在织布或手卷雪茄时只有我一人默默观察而不是同时被 20 个或 30 个镜头对准的感觉？

　　中间人可以保证在以奶酪闻名的意大利帕尔马只有你一人。这些神奇的奶酪从何而来？很好

的一个问题。好奇心可以催生出与众不同的照片。中间人可以让你去到一个位置，制作一张能够解答这个问题的照片。

　　在这被过度监督、过度记录的世界里，"与众不同"很难捕捉。坦白说，在旅行的紧迫气氛或行程中，跳下公共汽车、花 20 分钟看看介绍、拍下熟悉的照片，要做到与众不同是不可能的。和家人缓慢闲逛的时光美妙亦煎熬，"爸爸又在拍照了！"要想拍出充满生命力的旅行照片，归家时

带着让邻居嫉妒的远方的照片，这通常是一个去发现而非去编排的过程。让中间人介入吧。

为了实现独特的冒险，你需要摆脱束缚，做好研究和安排。在中间人的陪伴下，你需要步行寻找，摆脱日程表或不得不去的晚餐安排。著名街头摄影师、纽约居民杰伊·梅塞尔建议："走路就该好好走。"

要找中间人并不太难，但确实需要一些计划和研究。首先，要确定你感兴趣的领域。它们应该要比"农贸市场"更具体。农贸市场的产品来自何方？是大型工业化农场还是小型家庭农场？如果是后者，是否有可能参观其中一个小农场？参观是在日出前完成挤奶的时候进行吗？收获时你会否在乡下，为哪种庄稼而去？如果是，这些庄稼是否数量众多、色彩鲜艳、容易接近？你能否见证真正的农业工作，而不是跑到市中心农产品市场，在糟糕的光线里试图拍摄那些和西红柿一起窝在把光线降到 f/2.8 水平的遮阳棚下只会挥手让你走开的脾气暴躁的小贩？在遮阳棚阴影里为那些人的脸部曝光，很可能会让照片的背景成为核心。这不是你能赢的一场曝光游戏。你可以买下小贩的水果或蔬菜，从而收买人心，然后拍下一两张照片，但你想把多少农产品带回酒店房间？

不要在当地市场闲逛，而要跑到食物的来源地，这是买票舒舒服服坐在观众席和跑到演员化妆的后台之间的区别。

你想把多少农产品带回酒店房间？

你甚至可以要求去一些无人不知的地方，例如长城，因为那是必须去的地方。那几乎是游客在中国的必去之地，令人叹为观止，尽管它总是挤满了游客，单是那个星期你已经是第10亿个带着相机去到那里的人。准备好你的请求。去长城的哪个地方？你能去到通常没有人去或人比较少的地方吗？开车跑一大段路到达长城的偏远区域会带来出色或至少更好的照片吗？在工作日的某个时间去人会少一些吗？对天气、光线方向和时刻进行预测，这样就有机会——虽然非常渺茫——得到一些漂亮的、看起来与机场货架上那些明信片有所不同的东西。

拍摄这张长城的照片时，我并没碰上什么千载难逢的好天气，但当中的长城景色不同寻常，因为没人。

如果你有特别的兴趣，比如舞蹈演员、体操运动员或其他同等有趣的主体，中间人便有机会帮你实现想法，解决所有难题。

把脚从度假的油门踏板移开，放低到摄影模式，这必然更慢、更具反思性。

心中要有方向，然后在抵达之前寻求帮助。要找中间人，一个好去处是当地报社或通讯社的摄影调遣部。给他们打电话或留言，表明你的意图，然后问问他们有没有推荐、费用大概是多少。这些价格可能很合理，也可能很高昂，取决于地区和你的要求。你也可以调查并咨询当地的摄影师。我觉得当地摄影师往往乐于助人并很有帮助。但是考虑到这个行业的竞争性质，有时你可能会被拒绝，因为他们可能将你视为竞争对手，不愿分享来之不易的知识和资源，但多数都愿意出手相助。

旅游公司也是一种资源，但要注意，旅游公司或导游服务有他们的宣传册、叫卖词和固定成本，通过吸引更多的人参加"独家"旅游来获利。导游可能会知道一个地方发生某场战役的日期，但对摄影师的真正需求往往一无所知。

在一个地方旅行时，要在有限的时间里获得出色的旅行照片是一项艰巨的任务。形势对你不利。时间、预算、天气、家庭的需要、既定的行程——宣传册上看着非常诱人，结果要在7天穿梭5个城市——都不利于得到杰出的拍摄成果。但中间人可以帮你创造机会。如果你愿意，他可以为你克服不利条件，为你提供指导并创造摄影条件。他们会打破繁文缛节，竭尽全力为你提供

方便。你要做的，是容许这一切发生。

我的意思是，你需要把脚从度假的油门踏板移开，放低到摄影模式，这必然更慢、更具反思性。度假模式很有趣，也很有必要！但照片在前方召唤。好的旅行照片一般不会在泳池边诞生。设想一下，你去岛上度假，日夜狂欢，喝着色彩斑斓的热带饮料，在酒吧跳舞，享用美味的自助餐。但之后，你就消失了，去潜水了。你沉入海浪之下，所有岸上的噪声消失无踪，前方是静寂的美丽，时间变得缓慢。没有手机，没有约会。步伐慵懒，思绪万千。在一个全新的世界，你重又赋予自己时间。

这便是相机所要求的东西：你赋予自己的时间。逃离繁忙业务、儿女、交通、比萨，自私地留给自己追求一张照片的时间。中间人可以帮你创造并抽出这段时间，然后直奔主题将你带到一个或多个可能适合拍照的地方，从而令这段时间更加有用。

要紧紧跟随一个好的中间人，你通常需要放弃自己的部分顾忌和一贯的安全感。在胡志明市，我在中间人的小摩托后座上坐了一星期。当时在那些街道上骑小摩托有点像橄榄球运动员持球突破奔跑的电动版，但它让我拍到了照片。

几位女士骑着摩托从我们身边经过，她们穿着传统越南服饰，相当漂亮、正式。在车流中躲避她们时，我问了一下情况。中间人告诉我，他怀疑她们是要去参加婚礼。他指着马路前面一辆非常大的车说："那是婚车，你想去吗？"我有点不安："人家的婚礼我们不能说去就去吧？"

他把摩托开到豪华轿车旁边，和新娘的父亲
（大概是）进行了连珠炮般的对话，解释了我们的
情况，然后他就骑车跟在了婚车后面。"我们被邀
请了。"他回了我一句。

作为一个陌生人，我在这场可爱的、被完好
记录的婚礼上受到了前所未有的亲切接待。太神
奇了！食物、笑容、和我这大只美国佬的拥抱。
我很同情新娘：她和新郎都很年轻，而她即将度
过人生第一个离开自己家人的夜晚，然后还有我

这位美国摄影师在不停地开闪光灯拍照。我是当晚最后一位离开的人。离开时，我转身拍下了这张照片（上图）。希望夫妻俩一切安好。

做个测试。假如你在曼哈顿看到一辆婚车在交通灯前停了下来，然后你过去问是否可以带着相机前去他们的喜宴。看看会发生什么。

中间人还可以扮演采购商的角色。比如，你需要什么来制作这张照片？梯子？屋顶？烟雾机？

这对令人惊讶的舞者、夫妻，还有大剧院的领导们，都同意在莫斯科著名的桑杜尼澡堂为我当模特。前面介绍纳迪娅的照片时提到过，我曾和这历史上著名的舞团的舞者合作，让他们出现

在城市周围，试图将艺术化作通往这不断变化的城市和文化的一扇窗。我需要中间人给我一台烟雾机来模拟蒸汽。他花了很大工夫，但当时的莫斯科显然没有烟雾机。他找到了一个看起来像油漆罐的东西，里面装满了一种黏稠的柏油物质，他将它点燃然后熄灭，跟着在澡堂里跑来跑去，通过罐盖上非常不精确的调节装置将烟从里面排出。"乔！" 按捺不住兴奋的伊戈尔大喊道，"我给你找到烟雾机了！"

2016年奥运会期间，我在里约的贫民窟工作。在那里，如果没有中间人，成功甚至安全都不敢保证。我的情况甚至需要多个中间人。我遇到了一对兄弟，两兄弟都在经营自己的摩托生意。我们达成了一笔财务交易。他们直截了当地告诉我，"我们生在这里，长在这里。每个人我们都认识，和我们一起，你就安全了。"

　　我脱下装备，和我的翻译花了几天时间坐在他们的摩托车后面，在这依山而建的庞大社区中的狭窄弯曲的街道上穿梭。贫民窟就是一座座孤岛，有着自己的一套法律和惯例。如果你是个没人打过招呼、没人照看的陌生人，尤其还带着照相机，就会受到怀疑，并很可能会接收到你应该离开的强烈信息。

　　但有了这对左右逢源的兄弟盖章认可，我基本可以到任何地方拍照。那是奥运会举办期间的里约——人们再亲切不过了。

　　顺便说一句，做好喝酒的准备。顺应潮流，学会社交，放开顾忌，要意识到中午的大杯啤酒只不过是在为车轮上点儿油，如此才得以继续拍照。

　　然后捕捉到这样一个笑容！

我去过中国很多次，但从来不是作为游客或单纯的旅行者。我总是有任务在身，也承担着相应的压力和优势。第一次是代表《体育画报》去的，当时报道的是中国作为世界体育强国的崛起。我是1987年去的中国，我为杂志所做的整期报道围绕着一个正在受训的小体操运动员开展。我可以在学校、体育馆和她家里接触到她。

中间人可以助你把握恰当的地点和时间。一如往常，现场一天的拍摄能否成功，运气是重要因素，与中间人合作则是带来好运的一种办法。

《生活》杂志摄影总监约翰曾直截了当地对我说："我不管是不是只有5分钟，只要是恰当的5分钟就好。"即便时间短暂，优秀的中间人也可以让一切实现。当有那么少数几张照片一切顺利，光影、色彩和姿态之神都在对你微笑，这之前的数百万无用像素都变得值得。拍摄时得到了想要的东西，这会让你想要来段热舞，当然是回到酒店把图像备份3份并确保清晰后再偷偷扭起来。

当有那么少数几张照片一切顺利，光影、色彩和姿态之神都在对你微笑，这之前的数百万无用像素都变得值得。

中间人知道当地的物价。他们可以帮你出面，卸去你的负担，不光是在语言方面，在钱的方面也是如此。太想得到照片的你没法好好谈判。你应该远离争论，待在一边做一位专心创作的艺术家。这些业务不需要你插手。钱已经交了，相关文件——如果需要——也盖了章。剩下需要考虑的只有照片。到那时，一切障碍皆已清除。需要担心的只剩下场景选择、快门速度、光圈、位置、光线、镜头、表情、手势。换句话说，你要考虑的东西已经够多了。中间人就是在外景拍摄这场狂风暴雨中你临时拿到的一把雨伞。

你的中间人可以确保你在著名的卡巴莱表演中拿到前排座位。

他们走到哈瓦那出租车司机面前，知道如何适当开展有关钱的重要讨论。当然，站在引擎盖上那得额外付费。

他们可以带你在新德里的贫民窟里穿行，向人们介绍你，指导你为当地学校送点礼物，这样你就会被允许在附近房顶上拍摄德里那浩瀚朦胧的日出景色。

他们可以安排你在太阳升起时进入非洲一所视障学校拍摄盲童的照片，这些盲童正承受着沙眼带来的灾难性后果，以惊人的勇气和毅力迎接失去视力的生活。

我在《国家地理》杂志为这些讲述眼睛的故事创作了照片，也见证了盲童们顽强的意志力。我能获许进入并自由拍摄，全赖中间人安排我与几位当地人士会面，让他们看到了对这可怕但容易预防的视力疾病进行宣传的好处。

中间人可以说服日本相扑学校的教练允许你拍摄训练过程，在那里，年轻女孩正在接受传统男子相扑运动的训练。

在奇瓦瓦的广阔峡谷和高地寻找隐居的塔拉乌马拉人时，他们可以帮你通过那些路障（摆在路中央的巨石）。那里的原住民未必欢迎游客，所以你最好单独低调前往。可能也要喝酒。他们的本土佳酿是玉米制成的啤酒，叫作特斯吉诺。

事情是这样的。有中间人并不能保证你能拍到很好的照片或让任何事情都对你有利，就像相机即便附带保修服务也不能担保使用的结果一样。你的中间人不能让太阳升起，但他们可以确保让你能站在哈瓦那的屋顶上看它会不会升起。

任何时候，我都宁愿待在屋顶而不是公共汽车上。旅游、公共汽车、明信片上的介绍、其他摄影师的陪伴，这些都没问题。摄影旅行工作坊也很棒，团队的气氛可以促进学习并丰富每个人的摄影知识。但还是为自己空出一天吧，找个中间人，走一条不同的路。

第 14 章

按下快门的运气！

你有没有感觉过自己的照片抓住了某个人的精髓？就是，捕捉到了他的个性？

埃里克·林德罗斯在巅峰时期效力于费城飞人队。他是个出色的得分手、场上的统治者，在冰上令对手恐惧，非常优秀。我在冰球练习场旁边临时搭建的拍照亭里喝彩连连大概是因为我不在他对手的队里。

我的意思是，难道你想体验这位身高 1.93 米、体重 110 千克的家伙穿着冰刀、手拿球棒，把你按倒在冰面上吗？

"哈哈哈！颤抖吧，我的对手！我会用球棒把你打跑、用冰刀把你削飞。你越害怕，我笑得越厉害！"

有时你手中的相机会天马行空般道出真相。你走运了，你很开心。那一刹那被永远凝固，就像《侏罗纪公园》里被困在琥珀里的蚊子，等待在一亿年后掀起波澜。

第15章

实地拍摄一天中的要点

时间、光线。它们移动速度飞快。

摄影师必须跟随光线移动，就像动物随着季节迁徙一样。太阳的移动从无休止，全天都能赋予你各种各样的礼物。找到这些礼物，灵活处理，随时准备在镜头前抓住它们。它们可能本身便很壮观，你只需要取景、拍摄。或者像很多礼物的包装盒上说的那样，可能需要一点组装，在这里那里调整一下。

天色渐晚之时，太阳径直冲向地平线，准备好追赶它吧。

一个太阳，一间旧仓库。

第一张成功的照片（右图）。11：05。太阳高挂，光线强烈、无色，但光线的角度与拍摄位置

的几何形状相匹配。小心安排好拍摄对象的位置，然后拍摄。在室外，这种光线就是一场彻头彻尾的灾难。但在室内，窗户可以把它塑造得有利于拍摄。

改变取景。利用几何构图，拍下照片。11：15。

继续深入！靠近些。光线尽管不适合拍摄人像，但效果不错。11：41。

光线的强度和倾斜角度与人物姿势相互呼应。安排好人物位置。11：51。

午餐时间。

在这种空荡荡的旧仓库拍摄，要尽可能将它清理干净。跟着光线走，现在光线已经去到大楼另一边，照射着不同的窗户，从天窗斜照进来。光线依然很高、很强。

13：56，乔舒亚·卡明斯开始甩战绳，我什么也没做，只是让光线形成烟雾感，然后拍摄。嗯，几乎什么都没做。如你所料，他基本成了剪影。明显、过度且引人注目的闪光会毁掉这张照片，但细节——无论多么微小——很重要。相机右边是一个 1×6 的条形柔光箱，竖放，装有蜂巢网。这个光源照在他的背后，使背部肌肉和腿上有一点点高光。要克服困难。别看电箱上的数字，凭直觉行动吧。刚刚够，就几乎已经太多了。

　　装上一个沉重的沙袋。太阳一直在移动，而且移动得很快。现在光线的角度又不一样了，我们要根据相机和主体的动作调整角度。

　　对进入了武术名人堂、轮廓分明的雷·詹姆斯来说，耀眼的光线是完美的背景。16:05，一天拍摄的冲刺阶段开始了。他在击打沙袋，而我再次选择用一种最微小但很重要的方式来对场景进行调整。光线太过强烈，需要用上反光板。一位工作人员抓起了一块小的银色三角反光板，它可以倾斜，可以在我们的主角狂揍沙袋时不断调整。还没到拍摄的黄金时间，我们的工作人员安德鲁跟着雷一起移动，把光投在他身上。这里由

于反射光并非静止，差别很大。光线有时照着他，有时没有，就像拳台上的对手那样腾挪闪躲。对我来说，捉摸不定的光线是拍摄的丰富矿藏。光线摇摆不定，时而倾斜、时而直射。这种四处闪烁会让人抓狂，浪费很多照片。但如果碰到好看得出人意表的光线情况……用拳击中的说法，那就是K.O.（制胜一击）了。

　　16:12。将反光板角度调低，使之向上反射光线，突出主体的强悍本质。这里（对页左上）的反光板已经从银色换成"日光金"——银色底板铺上金色，令光线变暖并改变其强度。

　　16:53。找出光线的移动模式。抓紧时间，

拍下被从仓库地板上反射的光线照亮的一面墙。傍晚的自然光线。不光要给模特身上涂上油，也得上大锤了。

17：09。争分夺秒。把卡车轮胎推进来。这时阴影变长了。我把雷转移到了一个适当的空间，这也是我当天第一次真正用灯照亮一个主体。为了节省时间，我把已经设置好的1×6的条形柔光箱推到相机左边，这足够让雷的上半身形成阴影并轮廓分明，同时让他的半张脸进入阴影中，突出其具威胁性的坚定感。光源中的蜂巢网有助于实现这一目标，因为它能够控制光的输出并引导光线。快速检查现场后，我发现有一处空白且单调，需要向观众解释清楚：窗边沉重的黑色沙袋就像一块斑点、一个巨大止痛药的剪影。我拿了一个Profoto B4电箱，装上一块10度的蜂巢网，然后对着沙袋照射。当然，对于那个距离，光线会扩散，但在灿烂的阳光下，那一点散射毫不显眼。它的作用是突出沙袋，要的就是这个。它定义了背景，丰富并活跃了照片所讲述的故事。

18：15。比赛即将结束。此时光线位置低，颜色金黄。让雷坐在光线照射的地方即可。即便是在休息，他也主导着镜头。用长镜头拍出压迫感，以低角度强调力量和权威（左图）。

天色渐暗。

如果要为这一天的努力打分，我会给自己 A- 左右。照片很出色，同事间相处融洽，主角们也受到很好的对待，雷还和我交上了朋友。而一如既往，我在相机前的缺点是需要避免。我喜欢丰富、美丽的光线。我喜欢将它阻挡、塑造、推动、拉扯。这一天我却不得不把这种倾向咽下肚子，跟着太阳跑，接受它的恩赐。当天有几次我动作慢了些，指挥过度，主角们的动作就变得生硬起来（上图）。

但幸好那只是短暂的旧病复发。别想太多。用心感受，然后拍摄吧。

上了年纪的摄影师

年龄就像一列载满货物缓慢行驶的货运列车，你被岁月绑在铁轨上动弹不得，它却朝着你倒车，持续无情地颠簸、摇晃、尖叫、呜呜、碾磨。无论你如何尖叫、抗议，声音都会被淹没，你可以绝对肯定的是，列车长正舒舒服服地坐在驾驶室里喝着咖啡、吃着火腿三明治，听不见你的呼喊。

摄影师的一生，尽是拉着装备、拖着屁股、抬着行李、挤上飞机、凌晨 3 点出发，还有几乎每个体面的摄影任务背后心酸的故事，健身房教练已经把为我布置的每一项运动都说成是为我"纠正"。

这就是摄影师。很多时间我们的脸（字面意义）和屁股（引申意义）都在经历风吹雨打。曾经容光焕发的面容如今满是岁月的痕迹。不久前，我在一次公开演讲之前跑去做面部护理，想着即使是一辆老旧汽车，抛光后也会好看些。技师用放大镜观察我脸上的"月球景观"，并对损伤情况进行汇报："你这边毛孔坑坑洼洼，鼻子上有黑头，鼻子和下巴毛细血管爆裂。还有，前额这里，眉头都皱出痕了。"一边说着最后这句话，一边用戴着手套的手指追踪着这条悲伤的线。

"克丽丝，把大刀给我拿来！"

（非常感谢尼古拉斯·凯奇，他在《月色撩人》中扮演的饱受摧残的面包师说出了这句著名台词。写完这篇笔记后我脑中蹦出的就是这句话。）

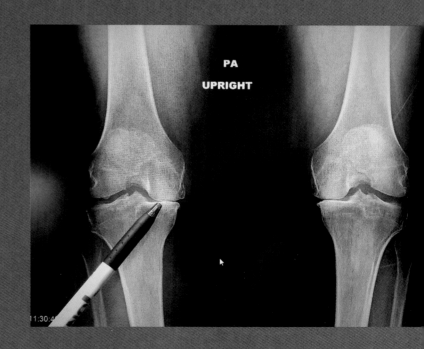

PA
UPRIGHT

11:30:4

第 16 章

当傲慢遇上愚蠢

先旨声明，这个故事标题说的是我。

作为一名自由摄影师，这是个你希望避开的交叉路口。开展业务时，一个你要遵守的信条会径直来到你面前，像在拉斯维加斯现场体会到的那样——

赢的永远是庄家。

摄影师可以有丰富的情感。这是必须有的。这是工作要求，好比招聘启事要求应聘者具备"出色的沟通技能"或"团队合作的能力"。对摄影师来说，所需技能可能包括"在不断变化的情况下快速即兴发挥的能力"或"与不同人群联系的能力"，当然，还有急需的"以同理心与理解进行沟通的能力"。清单上也可能写着"对权威不屑一顾、表现得像个妄自尊大的混蛋的能力"。

杰出摄影师比尔·阿拉德说过："如果你对工作漠不关心，工作就不会出色。"非常正确。但是这种热情参与、这些必备的情感，虽然在镜头前是必需的，但在涉及业务和账单时，就应该像烫手砖头一样扔掉。一旦带着情感来开展业务，麻烦肯定会随之而来。

《时代》杂志曾派我去为"胆固醇斗士"菲尔·索科洛夫拍摄。菲尔在建筑行业发家致富，是位作风强硬的商人，在 43 岁时心脏病发作。不吸烟也没超重的他开始认为高脂肪食物是罪魁祸首，并利用个人财富针对快餐连锁店（尤其是麦当劳）提供的高脂肪食品开展了一场一个人的斗争。其斗争的一个重要元素是在著名报纸上刊登巨大的、整版的广告，用醒目的大写字母高呼"美国中毒！"和"麦当劳，你的汉堡脂肪太多！"

奏效了。他几乎是单枪匹马地让快餐业做出

从背后照明。黑与白的冲击充斥着整个画面。然后，当然，我让菲尔——和他那副几乎无法打光的汽车挡风玻璃一样的眼镜——站在那块展示牌前面。我让他做个手势来暗示他的心脏。棒。

身为优秀的杂志摄影师，我一直都把手头的任务放在心上。像《时代》这样的杂志需要多个选择，于是黄昏时我把菲尔带到一个十字路口，背景便是一家麦当劳餐厅。很经典——日落、老派风格、中画幅、反转片。灯光处使用全绿色荧光滤光片，90mm玛米亚镜头上使用30号洋红滤光片：将城市灯光造成的绿色环境光清除，突出日落。再一次，棒。我记得在拍摄这个的时候，菲尔告诉我他"就要"那张影室拍摄的照片。他不喜欢这样在马路上拍照并和餐馆有直接联系。尽管他在抱怨，我还是坚持拍下了这张照片（下页）。

我已经不记得在奥马哈发生了什么，但工作时间延长了。也许是菲尔的日程安排问题？我记不清楚了，但菲尔的荒唐行为是我延长在现场的工作时间的主要原因，我无法控制。我还买了有机玻璃，租了影室和额外的照明灯，全都是因为对照片那无视预算的激情追求。

《时代》杂志很喜欢我拍的照片，直至他们收到我的账单。这时就好像是飞扬的粪便击中了快速旋转的金属刀片——四处飞溅。他们质问我这么多的钱到底是怎么花的。我因超出了预算而受到责备。这不是我的一贯做法，至少不全是。我是根据花出去的钱提交的账单，也希望我在外景花费的时间得到补偿。我甚至没有要求为前往奥

了反应——提供更健康的选择、减少热带油的使用并全面降低食物的脂肪含量。他改变了美国的快餐饮食。

我前去与菲尔会面，他是奥马哈本地人。我们相处得不错，虽然他很喜欢当艺术指导并习惯为所欲为。我的拍摄方案是把焦点放在报纸广告上，这是他成功的引擎。我让菲尔拿来了他那些广告版面的单页校样，然后我和助手用喷雾固定剂把这些校样贴在一块非常大的乳白有机玻璃上。我租了一间影室，把有机玻璃立起来，用闪光灯

马哈而收取双倍日费。

《时代》杂志不这么看。当时正处于杂志行业长期下滑的早期阶段，预算的鼓声越来越响，预示着敌方大军就要翻过山坡。快！带上牲畜、庄稼和孩子躲进堡垒大门！但杂志摄影师没有堡垒可去，没有大门让我们躲在后面。我们只有照片和相关权利。它们是我们的盔甲，而现在实际上已经被剥光。

杂志社开始习惯性地期待从摄影师那里得到一些东西，比如，嘿，也许你可以免费去考察一下现场？他们甚至不再讨论提高日工资的问题。对摄影师权利的践踏正在加速。正如一位编辑朋友告诉我的那样，在他那里，他们只想让摄影师去角落静静待着，不做任何反抗。

而我从多个正面进行了反抗。尤其是菲尔，我认为他是我延长工作时间并增加费用的根本原因。他喜欢有报纸广告的那张照片，想从我的代理人西格玛那里买下来。我打电话给埃利亚内，西格玛的经营者，要她把价格升到天上去。菲尔不接受价格，也做过恳求。他打电话给杂志社，问他们能否把照片给他。他和时代生活公司的一位主编关系密切并请他说情，后者继而也向我求情。我怒气冲冲，双臂交叉。没门儿。我又生气又激动，悲哀地相信自己拥有独特的价值。该死，他们不能这样对我！我要让他们知道他们招惹的是谁！

这很愚蠢，也不够仁慈。我应该放手，让他们做他们想做的任何事情，因为他们最终总会做到。我破坏了自己和《时代》杂志的关系，他们

证明了没有我也完全没问题，并继续在我的惊讶中发表了照片。我在拍摄之后对我的主体也很粗鲁、不公平。

当然，现在的我更加成熟，或者说是逆来顺受？我的意思是，作为摄影记者，我们正处在这么一个时代：某重要出版物的摄影总监曾在一次广为流传的采访中站出来说，如果你想从事新闻摄影，最好有个信托基金。至少现在他们公开了本质上希望你给他们付钱的事实。

对此，我会给自己的照片打个A，但业务方面只能打个D-。

选好自己的战场。记住，赢的永远是庄家。

第17章

有关捷径这件事

为什么我需要携带这些装备？为什么我要架起一盏灯？为什么这手艺这么难掌握？这该死的相机在盒子上写明全自动、有4500万像素，它们不该是像魔法仙尘那样吗？撒在照片上，它就会像花儿般绽放，魅力四溢，甚至令人欣喜若狂，更不用说那鲜艳的色彩了。我只需要"咔嚓"一下，根本不需要装配任何东西！

捷径——简单的方法。开车去某个地方的时候，试试走捷径，也许能节省时间。在手机应用上下单，进去星巴克转个身就可以带走超大杯肉桂拿铁。在后期制作中，按下操作键，就可以处理一批照片，同时喝下另一杯拿铁。

但如果是要为你的拍摄对象打光、关心他们、注意细节并满足他们想要好看的愿望，则没有捷径。

我最近在纽约一个工作坊做了一次照明演示，就在大街上做的。这很有趣，我的朋友、才华横溢的演员玛丽萨·罗珀是拍摄对象。那天阳光明媚，我首先向全班同学提出了一个会让许多刚刚涉足照明的人感到困惑的问题：为什么在外面用闪光灯？光线这么多！你为什么需要"额外的光线"？

有一点我在教学中说过几千次：光线的质量和数量是相互独立的两样东西。尽管那天光线充足，但由于接近午时，几乎所有的光线都很糟糕。你当然可以在这样炎热的日子里四处逛逛，找到开阔阴影、从建筑上反射的光线，然后拍出好照片。如果你行动方便，你的模特也愿意闲逛，这会是个不错的工作方式。但是如果你有固定背景

和工作地点，而天上的光正在对你恶言相向，你就需要站出来取得控制。你需要和那些光搏斗。太阳不会屈从于你的愿望，但你可以去影响、改变、调整、减弱和安抚它，或以其他方式扭转局面。不能就这么投降然后接受太阳给你的东西，那是被迫退位。你的任务是去定制、去反击、去实现愿景，并让你的手艺、知识派上用场。就像裁缝做衣服一样，将光线修剪、缝合，形成为拍摄对象量身定做光线。

我向全班展示了这么做的一个例子。我使用的是尼康Z 7II相机，配85mm f/1.8镜头，两盏用Profoto Air Remote无线遥控器控制的Profoto A10闪光灯，插到相机热靴上就可使用。光效附件是一个丽图徕Medium Pro八角柔光箱，用延长杆挂在略微靠近相机左侧的位置。这是个快速、相对简单的方法，至少对我这种习惯随时随地拖着一大箱闪光灯的人来说是这样。

但有一次，一名工作坊成员问："你为什么非要这样做？我的意思是，没有这些东西就不能得到好的结果吗？"他的潜台词是"这么大费周章就只为了拍张照片。"我告诉他："不这样做的话，当然也可以得到结果，但质量不可同日而语。"他看着我说："展示一下呗。"

我拍下了这张照片（左上），作为应用了闪光灯的例子（ISO 100，1/2500，f/1.8。全手动，包括闪光灯，最大功率）。

好吧，这不是一张能上报的照片，但也足够好了。然后我被要求在同一个地点不用闪光灯进行拍摄。去掉所有复杂程序、运算和装备，纯粹拍摄。玛丽萨那独有的傻乎乎的表情和糟糕的光线真是相辅相成。我不怪她，因为我正在制作一张她的可怕照片（中上）。

大家都认为效果不佳。那我们去阴凉处吧！我移动了一下位置，在阴影处拍摄，使她摆脱了那片发白的街道（右上）。

平淡的城市，没有火花。如果把脸照亮，背景就会像被核弹轰炸一样。这可以在后期制作中进行处理，但在现场用我的闪光灯来干这种重活要容易得多。看看液晶屏就知道得到了自己想要的东西。在现场向你的模特展示这样的结果会让他们振作起来，因为他们知道自己看起来很好，从而增强信心，拍摄也会渐入佳境。对于镜头前的人来说，能强烈感觉到相机背后的人精通"驾驶之道"，就是最好的激励。

现在我们拥有高速同步的强大的电池驱动的闪光灯、快速镜头以及其他技术优势，在拍摄人像时近距离使用闪光灯从而对抗阳光，问题不大。但如果是全身取景呢？当闪光灯不能靠得太近时该怎么做？

这张照片（右图）反映出在外景拍摄时我们根据太阳所做的持续调整和妥协。为拍摄全身照，我将闪光灯后撤，使用柔光箱让我没了筹码。光效附件至少吸收了一挡、甚至可能两挡光。这意味着这些闪光灯虽然很亮，但并不具备从远处穿过柔光箱压制阳光的威力。取下光效附件是不错的折中策略。使用原始光线。之所以合适，是因为那时的阳光就是那个样子。你是在模仿事物现有

的模样。它不会像凑到脸上的大光源那样柔和、微妙，但它能让你完成任务，至少在某种程度上让你再次回到了"驾驶座"。这就是你想得到的优势，无论多么微小。

你可以在后期制作中进行处理，但在现场用我的闪光灯来干这种重活要容易得多。

在自然光可爱、可行的美好日子里，可以坦然接受这份恩赐。但如果筹码减少，光线糟糕，眼看就要"输钱"，就必须采取措施。带上装备、妥当设置、解决问题、精心制作好画面。人们大概就是为了这个才给你付钱。就像电视广告说的，"还行等于不行"。你必须在卓越上投资，并通过对工具的投资来支撑这一点。可以把特百惠沙拉碗当雷达罩用吗？当然可以。是否专业、合适？并不。

外景拍摄我会用 Z 7II 相机配 85mm 镜头。两个 Profoto A10 闪光灯和无线遥控器是可靠的组合，但价格高昂。柔光箱、背包、延长杆和备用电池无论在物理上还是银行账户上都会增加负担。为了保证多样化，搭配其他镜片也是标准操作程序。要考虑和积累的东西很多。这门手艺需要持续投资。知识、努力、智慧，还有资金。啊，当了摄影师，钱哗啦啦地走。相信我，这是我们的专属配乐。

但如果工作出色呢？一组好照片会有多少余晖？那是无价之宝。

老话说得好，"一不做，二不休。"这是对摄影行业很好的总结，当然也适用于外景拍摄。一旦带着拍摄对象去到拍摄现场，就已经是跳出飞机打开了降落伞，没有回头路。抬头往回看，飞机已经成了天空中的一个小黑点。你必须竭尽全力应付迎面而来的地面。

拍摄中有些模特会不停看表，可能是急于缩短拍摄时间，仓促行事。我经常对他们说："你我不会再有机会一起出现在这里。所以，再给我几分钟，我们会拍出更能充分实现我们视觉抱负的照片。"

潜台词："没耐心的傻瓜，给我施展拳脚的机会，你会更好看。"

时间、装备、费用。没有捷径。必须坚持到底。

300mm镜头实际上是诊断工具

多年前，我被派去拍摄利伯雷斯的一场音乐会。"表演先生"这一称号并非浪得虚名，他贡献了一场夸张、有趣的表演，甚至把他那著名的衣柜都搬上了舞台，服装一套比一套闪耀。

在黑暗的剧院里，我蹲下身，避开所有人的视线，这是在音乐会上的明智做法，尤其是在你还不算很有资历的时候。我开始工作。有段时间为了拍近一些，我换上了手动对焦的300mm f/2.8镜头，在1980年这是非常理想的快速镜头。我用的是EPT胶片——针对室内或舞台灯光进行平衡的Ektachrome胶片。显然，这离自动白平衡还很远很远。装上胶片，然后下赌注吧。

拍这张照片的时候，我就在他正下方，一场音乐会中摄影师称之为坑的位置。他正在激情呐喊，我调好焦距然后拍摄。当时我对这张照片没有太多想法，主要是因为几分钟后，我便被两个不是特别绅士的人拿着我的名片把我送了出去（我是按照规矩办事的，有任务委派书和凭证，但他们没有相关记录，也对我的解释置若罔闻）。

后来放大胶片一看，他的牙齿状况让我感到惊讶。多年后，我发表了这张照片后，也想把事情弄清楚，于是给我的牙医写了一封信。

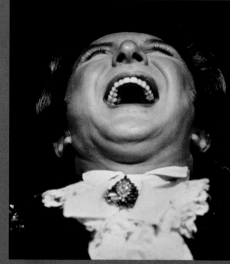

嗨，医生：

这听起来有点疯狂，我正在写一本新书，要讲一些照片背后的故事。这是很久以前在利伯雷斯的音乐会上从低角度用长镜头拍的，拍到了他牙齿的奇异景观——好像有点拿人家来开涮了。但我想问问你的意见：如果我说这些是牙冠，对吗？任何能让我把这点搞清楚的回复都会很有帮助。万事如意！拜拜……

他的回复：

嗨，乔，除了右上角最后一颗，其他都是牙冠，你的观察非常准确。

第18章

让雨尽情下吧!

这指令听起来很奇怪,因为摄影可谓是一直在寻找好的光线。但我喜欢雨,以前也写过拍摄时湿漉漉的好处。在这里再次提起它是因为——雨棒极了。

以凉爽的都市环境为例,比如东京,配合一场暴雨,就有了《银翼杀手》的感觉(对页)。

拍摄过程也许不太舒服,但在追求好照片的路上有什么是舒服的呢?雨水将单调乏味的混凝土化作了带有漂亮反光的视觉游乐场。

我个人偏爱用长镜头拍摄雨景。并不是说广角镜头拍不出超级优秀的雨景照,但就我而言,在一场透彻的瓢泼大雨中使用长镜头能带来变革性的效果。在里约拍的这张照片(右图),若非有雨,便只是一场普通的跨栏比赛而已。照片中雨水密度会因镜头的焦距变长而倍增,这是因为视觉上水滴被压缩并堆积在一起。这张拍摄了跨栏运动员的照片用的是800mm镜头,长焦距放大了暴风雨的强度。

大雨中要小心你的自动对焦模式！如果是使用群组对焦模式或宽区域"动态"自动对焦模式，你可能会得到雨滴清晰的照片。最好只用一个光标，或最多使用一个小的局部群组自动对焦（当然，自动对焦模式因相机而异）。但在拍摄跨栏的那张照片里，我把单个的光标和动态自动对焦点均放在了领先的那位运动员身上。如果是街道场景，就要在重要对焦区域里找一个明亮的反光点，将自动对焦的光标移到那儿。如果是静态高亮区域，可以使用单点、AF-S的对焦模式，并绕过那些动态选项。但必须把对焦点放在被摄体的中心位置，然后就可以像老歌唱的那样，在雨中翩翩起舞。

雨水突出了色彩，使原本单调的画面变得活泼。讨论照明的课上我总会提起这一点。为何一些大导演在大喊"开拍！"之前要让一辆洒水车穿过要拍摄的街道？因为这样街道会变得活跃，为人们带来视觉的愉悦——画面背景里毫无生气的黑拥有了高光和反光，色彩丰富。

在雨滴的点缀下，平凡的事物也会变得可爱、引人入胜。

若不是因为一场传奇的风暴，很久以前的

那场音乐也许早已被人遗忘。那是1983年黛安娜·罗斯在中央公园举办的音乐会：超级多人、超级明星、超级风暴。

维基百科记载："当晚降雨量达到2.26英寸，是当月总降雨量的2/3。风速接近每小时50英里，风暴期间，纽约市区近4万户家庭电力中断。"

我毫无准备。

在暴雨中为《人物》杂志拍摄的那个晚上，我学到了很多。我没有听天气预报，没有为自己

请牢记：你在那台机器里积累的东西远比机器本身更有价值。

或相机带上任何防护装备——也不是说这些装备能起多大作用，毕竟狂风暴雨是横扫过来的。

　　黛安娜穿着镶满珠子的紧身衣，顶着暴风雨待了尽可能长的时间。尽管装备受损，我也不得不坚持。很高兴我这么做了。那些相机早已是一堆被遗忘、丢弃的金属和玻璃，留在摄影旅程中荒凉的垃圾场里。拍摄时，请牢记：你在那台机器里积累的东西远比机器本身更有价值。有些照片我一直带着，时至今日仍偶尔会用于展示（不会在大学里展示，否则那些小年轻可能会问："谁是黛安娜·罗斯？"）。胶片勉强幸存了下来。这是那天晚上一张黑白照片原件的扫描图（右中）。

　　拍摄时我的相机基本是泡在水里。雨水像排水沟中的水般灌进相机。那可是1983年，相机离现在的完全密封还远着呢。我用湿透的衣服擦拭镜头，透过满是水滴的取景器观察并拍摄。当然，这让用手动对焦长镜头拍摄成了一次冒险。拍摄用的胶片损伤惨重。都是我的错——年轻摄影师，精力充沛，经验紧缺。没有塑料袋、没有雨伞、没有任何防雨措施（虽然即便有也会立即被风吹散）。这场雨水完成了一场"大屠杀"。我的装备放在老式的杜马克包里，而整个包都"泡了汤"，装镜头的隔层也装满了水。无处可逃，无处可藏。

　　感谢现代的修图工具（右下）。

黛安娜是一位坚强的表演者。这才叫雨中曲。狂风把她吹得东倒西歪，她还在竭力演出。

她还尽力把那些为了得到更佳视野而爬到灯塔上的人劝了下来。组织者终止演出时，她鼓励大家保持冷静。那时候很危险，人都快堆在一起了。

这场凶猛、无情的风暴迅速将正常的音乐会和有序的观众化作了一场演出后的"浩劫"。

我个人的下场？《人物》杂志的编辑对我大加指责。他们本是指派我去拍摄封面照片的，现在觉得我忽视了指示，没有能够提供一张好的彩色封面照片。音乐会随即重新做了安排，《人物》杂志的编辑（我喜欢为他们工作）希望我再去一趟然后把工作做好。我去不了，因为我接受了《每日新闻》周日特刊的一项任务，要拍摄一次前往大西洋城的公共汽车旅行。无法推脱，我已经答应了人家。我坚守着承诺和一群狂热老人一起上了车（对页右图）。

这就是自由职业者永无休止的人生。你是一颗弹球，你的生活、任务、天气、日程、那些有个性的人、躁狂的图片编辑，还有老天才晓得的其他东西就是挡板，把你在球台上耍得团团转，让你左碰右撞，撞遍每个方向，还得拼命避免掉进可怕的下水道和灯灭时游戏结束。

这种情况对我来说是三重失败：我让一个大客户对我很生气，我的装备损坏严重，我为一个客户兑现了承诺而他们却之后再也没有找过我。那么一共有多少金钱回报？两份工作？一起算？550美元。

我对这次雨中拍摄记忆犹新，因为尽管我为自己的愚蠢付出了代价，却仍执拗于自己愚蠢的决心而坚持拍摄，就像一头牛把脚跟埋进地里拒绝被拉上卡车，因为它从没见过任何朋友从车上回来。我待到了最后。随着人群散去，中央公园变成了迷你版的伍德斯托克摇滚音乐节现场。

那么在暴雨中应该怎么做？我也没有万全之策。没有什么"亲测有效"而其他人尚未发觉的"魔法"。这里我发现自己和一位非常著名的摄影师有过相同的处境，在英国一场大型摄影大会的讲台上他提到过这点。他不仅是"出名"，其声名如雷贯耳，而且他有在恶劣条件下拍摄的丰富经验。

他向我们展示照片，并为我们这些正在全神贯注汲取其智慧的观众提供一些模糊的建议。他放出了一张写有雨中拍摄"小提示"的幻灯片，上面印着"带伞"的警告，旁边是一张摄影师在雨中撑着伞的照片。当时我轻推了一下坐在旁边的助手迈克尔·卡利。我们都点头表示赞同。我记得我说："哇，卡利，快记下来。这家伙真的有料！"

我的意思是，关于雨中拍摄还能说些什么？用上你的常识？别去拍摄？穿上潜水服和脚蹼？发挥你的想象力，让雨滴变得五颜六色并与你交谈？

为自己和相机带上防雨装备。使用背包防雨罩，例如那些经常与高端手提包搭配的防雨罩，就是你经常塞在抽屉里懒得带的那些，把它们带上。在卡包里放点塑料袋，或者使用各厂家提供的小型防水容器。

听听天气预报。如果风不是很大，一定要带把伞。如果有固定位置，比如在一场音乐会上，

可以带上支架把伞夹在三脚架上，或者在现场自己动手做出一个解决方案。不过要小心，如果你是在看台上，这把伞的出现绝不会让你身后的摄影师感到高兴。

带一些带挂钩的高尔夫毛巾。包上夹一条，腰带上挂一两条。也有两边材料不同的湿/干毛巾。非常方便。

暴雨中用长镜头拍摄有个好处：即使是在遮阳棚下或类似受保护的地方，仍然可以有理想的视野。用广角镜头则意味着要在雨中奋斗。如果你确实是使用长镜头，配上镜头遮光罩是个好主意。如果遮光罩是可以直接卡在镜头上或者是用螺丝固定的那种，要注意遮光罩连接镜头的地方可能会有缺口，雨水会从那儿流进去。可以在整个镜头筒周围用电工胶带或布基胶带卷两圈密封起来。我一般都会推荐用电工胶带，但在这种情况下布基胶带实际上密封性更好。它可能会在镜头筒和遮光罩上留下一些黏黏的东西，但事后很容易处理。

然后，如果有条件并负担得起，在雨天可以将内对焦和内变焦镜头带到外景。变焦时远摄镜头会旋转并变长，镜头筒暴露的部分会积聚水分。变焦系数缩小时，镜头的暴露部分及其附带的雨水回缩至镜头内部，有可能对相机造成破坏并使其成为"不速之客"的滋生地。有一次我拿起自己那台旧的老式300mm f/4.5镜头往里头看，看到了一只细小的生物在镜头里爬行。

旧镜头中出现小虫子，大概是因为我拍摄的

即便是我，也不至于蠢到在瀑布般的大雨中拿出一盏闪光灯。

条件太过荒谬。比如在下着暴雨的夜里拍摄一群山地自行车手。雨下到这种程度，基本没什么可做的。在这里，你需要做好准备，并为相机和镜头携带防雨罩。短镜头和长镜头都要有。这晚我就没有，坦白说我觉得在拍摄这张照片（对页上图）的时候他们还没有发明出那些防雨罩。我只是把长镜头架了在三脚架上，然后就尽力而为了。瓢泼大雨加上夜间的条件形成了片状效果，这很方便。我让他们互相看着对方，用头灯照亮场景。即便是我，也不至于蠢到在瀑布般的大雨中拿出一盏闪光灯。

使用硅胶和一袋袋生米作为被雨淋湿的镜头的善后方法很明智，只是600mm镜头需要好大一袋米。

至今我一直在劝你用长镜头拍摄暴雨。现在说句可能会让你困惑的话：广角镜头同样也能做得很好（对页下图）。

大多数时候，摄影都不是只有"从不"或"总是"两个选择。我被问过很多次："你总是这样那样做吗？"我的标准回答是："在摄影上，我不会总是，也不会从不做任何事情。"这仍然是一种情境艺术和技艺，要求摄影师即兴反应。其要求反

复无常得令人烦恼，而当你满足了这些要求，（偶尔）会得到很好的回报，尽管常识会一直在你后脑勺唠唠叨叨，你也还有及时回家做晚饭的实际任务。你得跟着照片走，实时做出反应。结束工作的地方——无论是物理意义还是摄影意义——可能离你那天期待的目的地很远，而且你还可能在用广角镜头拍雨景。

拍出一天中"最精彩"的照片这个承诺堪比魔笛手以那不可抗拒的曲调召唤着你。它可以引导你走上一条快乐的追逐路，将谨慎和责任感都抛在风中。也许最好还是记住，魔笛手的传说并非特别美好。它更接近希腊神话中的海妖，召唤着你、迷惑着你的相机，最终把你的摄影希望狠狠地砸在你意想不到的坚硬岩石上。

我的想法太糟糕了！不如换个想法：你未来的那些好照片是街区尽头一家爱尔兰酒吧传来的抒情音乐，呼唤着你步入其中，尽享温暖。耶，感觉好多了！让我们继续保持对摄影的巨大希望和持久兴奋感吧！

所以，放手去做吧。追随着照片，即使它可能把你带入某种风暴之中。祈求下雨，然后用在那一刻感觉正确的镜头将它拍摄下来。噢，对了，也许该带把伞。

第19章

想象力是厨房里的一头牛

面对现实吧，想象力是个讨厌鬼。它就像一头牛从门口往里窥视一样令人尴尬，或是一只小狗不停地叫着想要引人注意。它可以有趣、痛苦、尴尬、广阔、昂贵、暴露、高尚、华丽、离经叛道。解释你在想象些什么有点像脱去衣服：你暴露了自己的某些部分，而这些部分恰恰是很多人都试图保密的。

要揭示自己的思维方式，需要勇气。就像在酒吧抛出一枚挑战币，这是一种自信，或者说是错位的自信。如果成功，你是唯一有币之人，那就可以在酒吧笑逐颜开，每个人都得请你喝一轮。但是，如果人人都有硬币，你就只能忍气吞声，掏信用卡去吧。

"等到牛回家"这个表达我母亲用得相对频繁。这大概是"等到地狱结冰"在她那里的说法，是礼貌、平易近人地表达很长一段时间的方式，就

像"去把家庭作业做完，我管你是不是要等到牛回家才做得完！"我对牛一无所知，也不知道它们是否会回家或有什么能促使它们回家，但我知道这句话的意思是，不管手头是啥任务，我都要坚持到底。

后来我到了罗马尼亚，那里的牛真的会回家。观察到这点让我茅塞顿开（请原谅我的愚钝）。在

罗马尼亚的小农庄，一到傍晚，牛儿便离开田地回到家里。就像工厂里吹响换班信号一样，牛儿停下嚼了一天的草，然后沿着村里的主路，没有任何指导或提示便各自拐入自家车道。看到这些，我既惊讶又振奋。我母亲是对的！我想象着牛儿告别时那秘密、无言的对话："莫特，拜拜！""哈利，明天见！"然后各自踏上归途，准备吃晚餐，然后看自己最喜欢的电视剧。

我从未想过母亲在我整个童年不停说的一句让人翻白眼的话，会变成我拍照的一种冲动，但这就是了。我们是什么样的人，我们如何长大，我们接触、爱上或为之苦恼的事物，都在指引着我们每个人的摄影方向。

因此有了厨房里的牛的这张照片。首先，我认为把一句已经没人使用的老话转化为图片会很有趣。多数时候，我也深刻意识到自己作为摄影师的优势和劣势。我喜欢拍下牛儿沿着罗马尼亚布拉杜特小镇的主路缓缓前行，但我的喜欢极其敷衍。在那条街上，每个拿着相机的人——那条路上有大批摄影师——都拍下了几乎一模一样的照片。在职业生涯的这一时刻，比起记录事物，我真的更愿意去想象，于是我的思想绝望无助地卷入了"假如……"的旋涡。没有人会愚蠢到做这种尝试，我该怎么做好它？如果能创作出一些略为独特的东西，哪怕失败或被人嘲笑也总是（几乎总是）值得的。

要完成这样的任务，你必须对自己以及你的想法进行解释，尽量不要让人觉得你完全是个疯子。当我和我的罗马尼亚翻译走近可爱的一家人，询问他们是否可以把他们的牛拉进厨房时，我相信她会特别留意措辞。这家人及其环境是理想的拍摄主体，具备一切所需要素：厨房、牛，还有

一位一脸茫然的祖母，她同意在牛把头从门口伸进来的时候吃早饭。我在城市里长大，不懂得要让一头牛做这件事有多困难，但这种时候交给乡村智慧就是了。

照片中的牛是一头母牛，非常关心它的小牛，母亲都这样。于是农夫和他的几个儿子便将它的小牛带进厨房，这样这位充满着好奇和关心的妈妈就会探头往里看，确保一切安好。

注意：尝试这样的事情之前，尽量让闪光灯曝光紧密些。在我的第一次闪光灯曝光里（上图）——这对我的牛朋友来说绝对是一次全新的体验——不知是闪光灯太热，还是我愚蠢地拨到了TTL模式，我没有照中目标。但是厨房里明显的闪

光让牛有点惊恐，并……对我产生了兴趣。

牛很强壮、庞大。它朝着相机走来。有个傻瓜（就是我）伸出手想要把它当作狗一样抚摸，却完全没有意识到牛舌头的长度和灵巧。也许是以为我可能有吃的，它把黏滑的舌头缠绕在我的整个手和手腕上，想要寻求食物。过来救我的农夫都笑翻了。我把手悬在空中，看着滴着牛唾液的手，感觉它像是刚刚在《捉鬼敢死队》中客串了一个角色。

你必须对自己的想法有信心并尽最大努力去理解它们，即使大多数时候对它们置之不理要容易得多。要这家人把一头牛拉进厨房是很不方便的！一边，他们在和这只庞大的动物"搏斗"、给

它喂吃的并尽力让它站着不动，旁边还有一头小牛在吵闹，因为对这对牛母女来说这绝不是什么寻常事，而另一边你在努力处理让灯光和场景平衡，以尽量让场景显得自然，即使可能压根儿就没有自然的地方。嗯，让所有相关人士闭嘴走开绝对更容易。

但你不能那样做，至少不能一直那样做。所有摄影师都有未实现的图片概念和项目，或未完成或未迎来转机。那些没能化作照片的未满足、未完成的奇思妙想会躁动不安地在你的梦中飞来飞去，或径直对着你撕咬。我们都有"如果当时""我本应该"的时候。

这完全可以理解，也无可厚非。时间和生活常常与摄影的雄心壮志作对。有时候我们只能让想法随风而去。预算也是要面临的大敌，还有失败——永远存在这种可能——也会令人痛苦、尴尬并令职业生涯受损，受损程度取决于规模及成本。

坦率地说，不去冒险要更容易。黎明时分将车停在人人都去的俯瞰处，从温暖的车里出来，架起三脚架，等待日出，盼望能拍到一张好照片，

然后拍下大批照片，为 Photoshop 留足素材等待日后消化，这种做法容易得多。除了一开始凌晨 3 点闹钟响起的痛苦之外，不会有任何狼狈不堪的情况。岩石和树木完全不会带来任何不便。等候独一无二的日出时——后期处理工具还可以让它变得更加独特——你已经基本确定这天早上会得到照片，无需付出太多努力或冒险，你甚至不需要去到三脚架前面。一旦架好相机，太阳崭露头角，色彩开始变得丰富，设置一个 6 挡的包围曝光，锁定反光镜（或不用锁定，这取决于你的相机），并设置好定时曝光控制器。你有手套、暖手器、暖脚器、保暖内衣、头灯、保温杯装着的热可可。天哪，甚至三脚架都不会感到冷，因为你给它套上了 LensCoat 的泡沫护腿套，还可以选择迷彩样式。

所有这些装备、安全度、舒适度和熟悉度最终有可能产生一张……大家都看过的照片。这没什么问题！手拿相机迎接日出很有趣，甚至令人振奋。无论输赢，或是打个平手，看到太阳升起时的光辉或代表着"你失败啦"的灰蒙蒙的天空逐渐明亮，都会让你知道自己曾经努力过，早餐也因此变得更美味。

但当扛着三脚架的摄影师阵容与新手机发布时苹果专卖店门外的队伍旗鼓相当时，它便很难和"独家专有"这人人向往的领域扯上关系。

考虑考虑，依照一个疯狂的拍摄想法去行动，进行一次不确定会落在何处的跳跃，把这当作对系统的必要冲击，就像每年 2 月北欧那些冰上游泳者在海面的冰上凿个洞然后跳进去一样。这会

对你有真正的好处，当然前提是没把你直接弄死。有时，那些看似很有希望的疯狂想法实际上可能很要命。跟随自己的想象力并非毫无风险。

《体育画报》曾派我为NFL（美国职业橄榄球大联盟）那些最健硕的球员拍摄。很棒的一份工作，对吧？这可是能让你的照片像熔岩一样炽热的项目类型。我兴奋得跳了起来，然后开始构思，给NFL球队打电话，安排日程。每个人都很配合，因为《体育画报》当时在体育新闻界地位显赫，每支球队及其球员都想出现在那些神圣的页面上。此外，NFL球队中最健硕的球员基本都是进攻内锋，除非他们搞砸，否则没人会关注他们。他们加入了这次拍摄。

我带着满脑子的愚蠢想法去到那儿，拍下了职业生涯中最糟糕的照片。我并未完全理解展示一个人的健硕的不可能性。健硕是相对于什么或谁而言的？和他们一起比赛的人都很健硕。把他们放在能够暗示大小的东西旁边？我做过尝试，但徒劳无功。在我不停地拍摄和转换地点时，心里"拍砸了"的警告不断响起，就像驾驶舱里近地警告计算机拼命在喊："注意地障，注意地障，拉升！"

我带着满脑子的愚蠢想法去到那儿，拍下了职业生涯中最糟糕的照片。

在一天开始之时你带着傲慢、闪亮的自信神气十足地去到现场，而在那天结束时却像你的同伴一样心里只有对失败的恐惧，这很艰难。而且如果对自己足够坦诚，还在镜头前面的时候你就已经知道了。失败当时就在拍你的肩膀，像小丑一样对着你咧嘴笑："还记得我吗？我是你的老朋友失败，我又回来看你啦。"你收起相机，折起三脚架，在心里无可奈何地耸耸肩，幻想、盼望着"也许他们会喜欢呢"。这是非常、非常不好的预兆。

《体育画报》并不喜欢。我那个项目的编辑在电话里毫不犹豫、非常实诚。他把所有照片拿在手上，我记得他说了句"不太喜欢它们"。我轻松地花掉他们25000美元，他们却没有一张照片能够发表。

我把小马队的进攻锋线人员带到了一间挂着整扇牛肉的冷藏室。我想我是《洛奇》看太多了。

然后我让他们把一个啦啦队队长举起来。有人知道"茄子"怎么写吗？

用橄榄球的行话来说，我的每个想法都在让链尺朝名叫失败的得分线移动。更糟的是，我让这些人错过了训练营的晚餐，所以只好由我来请吃饭。他们每人点了两个主菜、多份苏打水和甜点。我从没想过在一家红龙虾餐厅能花那么多钱。

我把两个人放进了挖掘机的铲斗。开挖掘机的那家伙大概是睡觉去了。

我把堪萨斯城酋长队的两位队员带去了一个卡车称重站。

我趴在地上，仰望他们。那又如何。正如我的编辑指出的，这个角度完全显示不出他们实际的壮硕程度。我让一个小孩过来索要签名。好吧。很可爱，但还是不行。

我拍了几张看着挺酷的照片，但都没能真正表现"健硕"这一因素，《体育画报》干脆把全部照片都丢进了垃圾桶。让我

印象深刻的是体重330磅的纳特·牛顿的一张照片，那时候他还在达拉斯牛仔队。我让他从跳板上飞跃下来，他以非凡的镇定完成了指令。但是，健硕这个因素在这张照片中依然不突出。纳特跳进水里时，相对较小的泳池变成了波浪机，"巨大"这时候被表达出来了，吓了我一跳，还差点毁了我的相机。

有几张照片很有趣，但不健硕。"乔，我们要的是健硕，记得吗？"整件事损害了我的声誉以及我与杂志社的关系，让我陷入了绝望。我是在1988年接受这个拍摄任务的，那是我愚蠢无比的一年。我跨越了一些界限，抓住了一些机会，也不止一次地把事情搞砸。噢，我还丢掉了和《体育画报》的合同，直到2000年他们才再次雇用我。

但你绝不能害怕自己的想象力。顺其自然吧。至少每隔一段时间，就要试着用相机追寻它，无论它是否鲁莽或是否可能失败。还记得前面我提到过我们所有的生活经历都会出现在镜头面前吗？非常真实。

我是看漫画长大的，由于总是隔一段时间就出现在一所新学校，所以我总是可以为我的幻想生活打开一扇方便的活板门，然后跳进去躲起来。我的想象会在远离校园或餐桌的地方漫游。现在依然如此，我仍然会被当下看起来非常酷的物体或时尚或任何可能启发拍摄想法的时代精神趋势所吸引。

例如激光。天哪。

去冒更多、更大的风险。你的想象永远不会停止，你也不应该停下。

幸运的是，我以前和杰基·乔伊纳－克西合作过。她很可爱，还是多维度、技艺超群的奥运选手。鉴于她在4届奥运会上获得的奖牌（三金一银两铜），她可以理所当然地声称自己是有史以来最好的女运动员之一。我为她拍摄过很多次，包括为《生活》杂志拍摄的奥运选手组合。我从背后拍摄了她，为此我们还有过争执。她担心相机会拍到她的胸部，或拍到的裸露部分超过她的接受度。我们把问题讲清楚了，我还和她分享了那些宝丽来照片。这让她放下心来，我也很高兴事情这样发展，因为这张照片（189页）现在正收藏于华盛顿特区的国家肖像画廊。

以下这几张杰基的照片（下页）不在国家肖像画廊。它们在我地下室的文件柜里，已经30多年了。适得其所。

考虑到她的力量、声望以及她非常乐意为儿童奉献时间，《儿童体育画报》找我为她拍摄一张封面照。我觉得制作类似"我歌唱带电的肉体"这样的主题会很酷，于是按照字面意思把沃尔特·惠特曼的诗歌标题转化为某种形式的电，以此作为对其身体的一首颂歌。所以，在外景拍摄时，我有点即兴地把没有护套的光纤电缆绕在杰

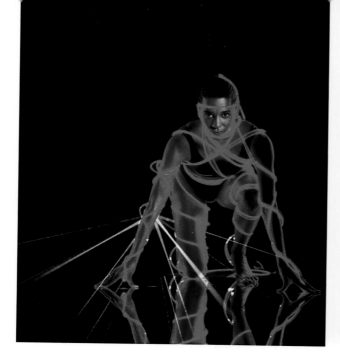

基壮实的身体上，然后用一束束激光制造出田径跑道的效果。她对这一切都很有耐心，非常亲切。

我希望这些照片能与她的卓越耐心和存在感相匹配。考虑到这本杂志的读者是儿童，我有点忽略了自己的想象力过于夸张、痕迹太重。杂志社发表了照片，编辑们对结果比较满意。孩子们可能会喜欢，毕竟拍摄者是位"青少年"。但这些照片后来一直被收在黑暗的文件柜里，就像多数摄影师拍下的多数照片那样。

诸如此类的失败并不会让我停下步伐而谨慎行事。不管手脚伤得多严重，都得重新骑上车。去冒更多、更大的风险。你的想象永远不会停止，你也不应该停下。摄影师必须有一个不安的灵魂，不停地努力追求那些随意而美丽的事物，那些别人不屑一顾的奇怪的、不正常的东西。一句"那

行不通"或更简单的"不"对摄影师来说都是危险信号，是在考验你是否能够增强决心。

因此，尽管我已经被这些和其他许多出错的工作弄得狼狈不堪——实在太多，无法细数——但我仍然在场上，而我的想象力就像水流源源不断的水龙头。其中一些想法虚张声势、蔚为壮观，就像茫茫大海中航行的船只；另一些则颇为诡异、令人不安，就像大脑中的密密云层，让我对自己灵魂的黑暗面感到害怕。但它们永无休止，我也慢慢接受了这一点：在工作站前不打字而是一脸茫然地盯着窗外，是我所做的最有价值的事情。

顺其自然吧，无所畏惧地去梦想。想象力永无休止，画面会自然地浮现在脑海中。牛儿总是要归家，敞开大门让它们进来吧。

第 20 章

贸易工具

在因玛格丽特·伯克-怀特而声名鹊起的克莱斯勒大厦的鹰雕滴水嘴上，我自然而然地带上了大闪光灯。我把几盏 2400 瓦秒的 Speedotron 闪光灯放在比鹰雕滴水嘴低几层楼的室外门廊上。我觉得几盏闪光灯发出的强烈光线能够穿越数层楼，最终照在鹰雕滴水嘴上。如何为它测光？我用安全线把一个独脚架系在手腕上，独脚架上用胶带贴着一个测光表。把独脚架伸出去，打开闪光灯，调好光圈。搞定。希望那天晚上在大楼另一边没人在加班，否则他需要戴上太阳镜。轰隆隆！你可以听到那些 Speedotron 闪光灯在上面几层楼的地方开足马力的声音，压过了下面的车水马龙。

那些闪光灯让我得以延长工作时间——美丽的日光渐渐消退的时候，太阳发挥出无与伦比的魔力。

夜幕降临，我又为《国家地理》杂志带来了一张不同的照片——先利用自然光，然后在天色渐晚时使用闪光灯。酷！

独脚架上的测光表和分屏手动对焦。那种时候你得利用手上的一切。像素的奇迹尚未降临，我也以为自己会永远使用 Kodachrome 胶片。

噢，液晶屏、精确的相机自带的点测光、动态自动对焦，还带有完成指示。即时、可调节的白平衡，或者很高的 ISO 值？要求太多了？当时的确是。

　　身为摄影师，你得利用现有的东西，而现在资源已非常丰富。就技术而言，即使是价格适中的数码单反相机也已经非常强大。我们生活在一个摄影的黄金时代，作为其推动力的技术一直跑在超车道上，从我们身边疾驰而过，让我们无法呼吸，只能盯着它极速远去的尾灯，一脸惊诧。"嘿，等等我！"这徒劳的呼喊完全被它甩在身后。这一切不会减慢。若有此妄想，无异于在数码的大风中迎风吐痰。

　　如今的难点是跟上技术发展。今天买的相机，两年后已经可以放进博物馆。四五年前几百万像素的相机已是古董。新款相机上市第二年就下线的状况已经持续多年。作为数码摄影师，你现在必须明智地下注，在预算的钢丝上掌握好平衡，根据客户的期望与自己可交付成果的质量抉择。

　　每每有新相机问世，我的问题永远是：它会带来多少提高？

第21章

看见窗户光，制造窗户光

自然、美丽的窗户光是上天偶尔为之的恩赐，它可以帮助你讲述一个场景和人物的故事。毕竟，它也是场景的一部分。你不在那里的其他364天，那扇窗户都会在那儿，为那个地方提供光线。正确的观察和使用方式可以让窗户光具备丰富的内涵。这位老派的女士在伦敦东区住了一辈子，她正望着厨房的窗户，这么多年来她一定都是这么做的，尽管她是个盲人，窗户于她而言只是个亮点。但落在破旧厨房上的光线内涵丰富，一如她那张布满线条的沧桑的脸。照片难以接近那场景的震撼。

光线落在了厨房的每个角落。我可以就那么坐在那儿作为观察者静静地拍摄。克里斯汀修女正在引导这位女士的手端起茶杯。这位修女常常拜访那些需要帮助的人，这是她工作的一部分。我选择用一台徕卡测距相机进行拍摄，并保持安静。身后那扇无言的窗户给了我机会。

一脸睡意的爱尔兰学童坐在沙发上，在一片斑驳、可爱而又不规则的晨光中系好扣子准备上学，这是我用闪光灯永远也模仿不出来的光芒。光线落下的位置很完美，把墙上孩童画的两幅画中的故事细节也包括了进来。我们都经历过这些，半睡半醒中准备上学，极其渴望回到被窝里。这是个不应受干扰的时刻，我身后那束幸运光线让我得以安静地待在相机背后，（大体上）没有被孩童们注意到。

　　窗户光常常可以安静地透露出无尽深意。多年前，我在伦敦码头区执行任务，在道格斯岛住了17个星期（在那个年代，充足的外景拍摄时间是《国家地理》很乐意送给摄影师的礼物）。

站在这扇窗户旁边的乔治很有代表性。他被赶出住了一辈子的地方——按规划他那间公寓将被夷为平地，然后他们给了他一间新的。新公寓可以说要更好，但那不是他的家。他告诉我他的家人在伦敦东区长大，生活拮据。"

我拍下了他去查看自己那个空荡荡的新住处的场景。失去了根的迷失感、将他吞没的奇怪的

孤独感，尽数透露在渗进来的那片柔和光线里。乔治看着窗外，就像一个异乡人处在一个他不想有任何关系的世界里。在这种场景中打光，无异于亵渎。

我多次提到安静的光，但光不一定是安静的，它并不总是需要你在相机前沉思和保持肃静。在纽约公寓楼里转个弯，光就在那儿，透过屏幕尖

叫，喊着让你停下并利用它。不需要任何仪式，将你的拍摄对象放进光里，在光消退之时疯狂拍摄（上图）。要坚持这一点，因为光需要你即时的注意力，机会转瞬即逝。

我的朋友乔治·迪沃基，一年中有3个月或更长时间都住在阿拉斯加乌恰格维克以东波弗特海一个名叫库珀岛的荒无人烟、令人望而生畏的岛屿上。他已经这样坚持了40年，那几个月里他大部分时间都一直在独自一人观察一群黑海鸠，

那是一种北极海鸟。作为一名动物学家，他最初的意图是研究这些非凡的鸟类，而他对这些鸟类长期艰苦而又详细的观察实际上已经是不可否认的地球气候变化数据的最大宝库之一。他的毅力和韧劲非同凡响。

岛上的小屋是他一年中居住90～120天的家。首先，很难在里面放上一盏闪光灯。因为任何多余的光源都可能产生某种不平衡的高光或阴影，

或是让这堆满东西的环境中的美丽平衡受到破坏。换言之，要努力让它显得自然，不应干扰这个地方自己的心跳节奏。那何必费心呢？感受那里已有的光线——很可爱，也够了。

好在我的确具备走进去而不与这个地方较劲的良好意识。我所做的只是拉动那扇唯一的窗户上的红色窗帘。动作虽小，但很必要，而且完全是可以容许的，因为我当时的意图是给乔治拍一张肖像照。当他在磨咖啡、我把相机举到眼前的时候，窗帘往回拉了一点（右下）。

你的视线会落在哪里？肯定不会落在乔治身上。我把窗帘拉到高光处，但还不够。

那一小块透出的光也不行。它在竞争，把注意力抢走，却不能给予任何回馈。继续拉那该死的窗帘，一直拉过来。摄影不是可以马虎了事的行业。相机和像素不会让步，它们会无比忠实地记录下你用相机对准的现实。如果在现场透过镜头看到时就已觉得很麻烦，回到家里在计算机上看到拍出的画面时将会更麻烦。裁剪工具在现在是后期制作中一个必要且高效的部分。我使用了这个工具，也很高兴有这么个工具可以使用。但这个工具也自带一位严厉校长的声音——至少对我来说是这样。

"我们本该更靠近些，不是吗？"

"也许该换个镜头？不是该花时间做更充分的准备么？"

"是不是该另找一个地方拍这张照片？本该做更多调研不是么？本不该这么懒惰不是么？"

"如果你继续沿着这条粗心大意的路走下去，不会有好结果的，麦克纳利先生。"

要带着明确意图去观看。

　　一路把窗帘拉上。在液晶屏中查看浮现在眼前的图像，确保没什么会中断或阻碍故事的讲述。我可以担保，这张乔治小屋的照片将是观众对那美丽如画而又一片狼藉的奇妙的唯一体验。没人会前去库珀岛，你得为他们走这段路，让他们能感同身受，让他们惊讶地摇着头，欣然接受这位科学家的故事，让他们参与其中。这意味着不要把"半生不熟"的图片带回来，寻求裁剪工具或"希望能让它更好"的滑块的帮助。工作都要在取景器上、在这间小屋里、在这个荒凉的岛上完成。

　　顺便说一句，这张乔治小屋的照片是用ISO 1000拍摄的。太神奇了！我在摄影生涯中经常听到这样一句话："能看见的，就能拍下来。"呃，你知道……大概，也许，可能吧。使用较旧的透明片的时候，容许度很小，高ISO值绝对不可靠。ISO值越大，就越需要把暗室变成微波炉，把你的胶片"油炸"一番。结果便是抹杀了细节。我在技艺高超的摄影师格雷格·海斯勒的讲座中了解到，像他曾准确提出的，如果你在室内柔和光线下看到一些悦目的东西，比如在剧院或拍摄对象家里，然后试图用当时的工具简单地拍下照片，得到的照片和你的眼睛这种调节能力惊人的工具毫不费力地在你的大脑中显示的画面将截然不同。只有非常努力，你眼睛实际看到的这些东西才能够在胶片中完美展示。

　　你经常不得不搬出灯光、支架、滤光片，有时需要一大堆工具。然而，有了今天的数码相机、快速镜头和随时待命的后期制作工具，我们终于，真的，快到那一步了。看到的是什么，拍下来的就是什么。

你可能会注意到，目前为止我们看到的自然光下拍摄的照片，色调和基调都有点类似。它们都是为编辑出版而拍摄的，这便要求摄影师更多地成为观察者，而非行动的煽动者。

但当手上的工作任务越过边界进入商业或营销的领域，那就是两码事了——不但要看见窗户光，更要制造窗户光。

从这位假修理工身后的窗户倾泻而入的光线是自然的阳光，明媚的阳光透过玻璃并捕捉到了我在空气中投放的烟雾。事实上，画面中的主光是一束模拟窗户光，由三盏热靴闪光灯和一块固定在工作室内部窗户上的柔光布创造而来。这扇窗户其实看不到太阳，因为它在车库中间。我通过这个入口制作了柔和的窗户光，同时让"阳光"

在烟雾中呼啸而过。

那天晚些时候，完全是因为有伟大的造型师萨姆·布朗、许多服装和莱蒂西亚·德·瓦勒这三个因素，我们拍了一张戏剧化的内衣照。拍摄

这张照片是计划之外的，但过程很有趣。然而在那个时间，太阳已经转移到了其他地方。我们没有退缩，用一盏加了暖色滤光片的 Profoto B4 闪光灯代替了太阳。幸运的是，车库外面有一片空置草皮，一个被称为"摩天轮"的超大支架刚好可以把闪光灯头放在足够高的位置。模特正面的光线则和之前完全一样，都是热靴闪光灯加柔光布。

我给 Profoto B4 闪光灯加上滤光片不仅仅是因为暖色好看，还因为自然界中这种低角度的光线肯定是暖色的。要让闪光灯模仿太阳光的模式和颜色，就要考虑角度。高空强烈的太阳光是无色的，甚至带点轻微的冷色。成角度的光意味着朝地平线倾斜，可能是日出或日落的金色辉光。

这些车库照片完全是经过设置、创作和设计而得到的，打光也是出于营销的目的。在这一天，我的主要任务不是保持微妙，而是把光设计成一个感叹号、一个照片中你肯定会注意到的地方——那扇光亮的窗户在像素中闪耀。

如果需要它不被注意，可以按下闪光灯上的静音按钮，让它像柔和的日光一样安静、简单。新奥尔良音乐界的"蓝调之王"小弗雷迪·金坐

要让闪光灯模仿太阳光的模式和颜色，就要考虑角度。

在一间旧式厨房里沉思，我一眼就爱上了这个场景。实际上，最终照片中看到的窗户（下图）和相机左边，也就是小弗雷迪看着的地方的窗户（右图），两者的光照度完全一致。两扇窗户的大小、基调、曝光一模一样。这里必须考虑到人的眼睛及其会被场景中最明亮部分吸引的生物特性。这里也可以使用自然光拍摄，但若是为让被左侧窗户照亮的小弗雷迪曝光正确，另一扇出现在照片中的窗户就会变成"一头狂怒的野兽"，把观众的眼球都吞噬掉——

他们甚至很难注意到主体。

要驯服光线，需要将画面中看不见的窗户的亮度提高。方法是用闪光灯。幸运的是，丽图徕将柔光板制作成大的矩形，与窗户形状匹配。我把一块柔光板吊在左边窗户上，在离柔光板约6英尺的另一个支架上打开闪光灯，然后回到相机前，让光照进来，刚刚好（对页上图）。光线太多，就会被注意到。光线太少，照片里的窗户就会反客为主。这种情况下必须做好平衡，闪光灯不应留下任何痕迹。

顺便说一句，窗户不一定要大。你也可以利用铁匠铺里一扇脏脏的小窗户并同样做得很好。当然，如果能有个从故事书里走出来的铁匠效果更佳，就像我的拍摄对象那样（207页）。他的笑容、他洋溢的热情和对这门手艺的热爱充斥着整间小工作室，他就是那种在这样的空间里根本无法绕开的主角。

这张照片的制作很简单。相机左边有一个小窗户。我们在那里挂了一块柔光布。热靴闪光灯放在外面一个架子上，用无线控制，再加上暖色滤光片以模仿位置较低的太阳发出的光线。在这里，你不得不向室内的情况和现有光源低头。如果你能像拍摄对

象那样用力为熔铁炉鼓风，炉火就能把房间照得亮一点。但火焰本身就会变成曝光的爆炸区。再在相机左边安装一盏热靴闪光灯，调暖至火的颜色，照在房间天花板上。这样房间看起来就像是被火照亮。然后只需让铁匠将熔铁炉的火焰调到可以漂亮地入画的强度，不用让这个极其不精确且易变的光源来承担照亮房间任务。它只要好看就完事儿了。

如果把未添加滤光片的裸露闪光灯放到那儿，或者更糟的是放上一把大的柔光伞（反正也放不下），你会因为严重误用光线而只能拿3～5分。要顺应现有最小光线的方向和颜色，借助闪光灯加以增强、调整并微妙地引导。不要把现有的东西一口气吹散。

在上一页，你可以看到房间原本的样子（上图）和过度添加灯光后的样子（下图）。

找到其中的平衡点。

穿透窗户的光——看到它、拥抱它，或者是制造它、操控它。这些都是摄影师在外景拍摄时必须跳的一支舞，有时是安详的华尔兹，有时则得扭摆起来。

第22章

把烟雾吹起来！

毕竟，我们都这么干。

很久以前，我被派去为著名小说家乔伊丝·卡萝尔·奥茨拍摄——还有一台法拉利。杂志名叫《质量》，以奢侈品报道为特色。他们指派乔伊丝这位倾向于观察生存黑暗面的优秀作家驾驶那台法拉利，然后把体验写下来。她做到了，虽然我记得和她一起的安全司机提到她的最高时速约为50或60英里。好吧，酷。

我需要找到一个拍摄地点，最后定在泽西市的一个旧车库里，那个车库是你最可能开着一辆中档雪佛兰或本田前去的那种地方，我试图将那里与她坐在上面兜风的那套光亮的车轮做个对比。我记得那车库也有个优点，便是已经停止使用，可能是要翻新或被整个拆掉。我们在晚上拍摄，这会增加……我也不清楚……车的神秘感、诱惑

力、性感度？或者是按照每个人的日程安排，只能选择那个时间。没关系。

这次任务我做得不太好。我的意思是，她是位很好的女士，但她戴着月亮那么大的眼镜，日程安排也非常紧凑。那车也不是一整天都在，我没法预先布光。她到达现场后，我便开始把灯光照向她和车。白天我能做的事就是把Garden State标志背面的金属剪掉。标志没有通电，也没人在意我对它做了什么，所以我雇人用火枪在上面为闪光灯打开了一个缺口。因此，标志看起来像是亮着的。

其余则一团糟。在此之前，我未曾真正为一辆车打过光。但在这次拍摄中，我确实发现了一些重要的东西。烟雾，多美妙的东西啊。烟雾让光线看起来很性感，令光线具备纹理和形状。它

在日光或闪光灯的光束中蜿蜒起伏，跳着奇怪而难以捉摸的舞蹈。

　　我成了烟雾机的超级粉丝。这些年来我已经拥有了好几台，包括 Rosco 万圣节派对烟雾机，还有一些更专业的，比如我现在用的叫 Fog Fury 的这台，非常方便。我还雇用了一些烟雾专家——对，有人可以指挥烟雾。他们可以让烟雾流动，贴近地面，像在梦境般轻轻飘移，或者将拍摄主体笼罩于其中（左图）。

　　我的意思是，烟雾只是在那里，就已经很棒，就像在枫糖农场那样（上图）。它在聚光灯下也很精彩（对页左上图）。

　　它几乎是配合激光束拍摄时必不可少的手段（对页右上图）。

　　它也能让森林变得令人毛骨悚然（对页下图）。

　　它还是为一大片深色背景增加纹理和趣味的好办法（212页）。

烟雾可以美丽、神秘、奇妙，也可以魅惑十足。多酷啊，让我们制造更多烟雾吧！

我已经这样做了很长时间，仍然抵制不住摄影师面临的那些诱惑，在狂热追求一张照片时做一些蠢事。我曾多少次劝告摄影师做好功课、获取许可、做这做那？很多很多次。这就是我们工作室的做法，因为我们的工作室经理林恩是个完全一丝不苟、按部就班的制作人。"把事情做好，没有捷径。"我在这本书的某个地方说过类似的话！

拍摄最后这组照片（对页）时，我们告知了剧院我们在拍摄时将使用烟雾效果，他们同意并关闭了火灾警报。我们曾在那里使用过烟雾，没什么好担心的。但这一次我带上了烟幕弹，我们跟他们说那是烟雾……机，区别还是挺大的。

我们从烟雾机开始，还有气雾喷雾器——非常流行的"装在罐子里的烟雾"。和我想象的不一样，照片很平淡。我看了看盒子里的烟幕弹。

你知道吗？我们内心都有一个小小的声音在说："笨蛋，别这么干！大错特错！"我无视了它。

我们用一个烟幕弹进行了测试，似乎足够温和，可以手握，也不会太热。我们有一个大塑料桶来回收它们，布景周围也有灭火器。但是，和可以关闭的烟雾机不一样，这些烟幕弹是在喷涌、喷涌、喷涌……直到喷无可喷。

烟雾充斥着剧院每个角落，并通过门窗等各种敞开的口飘了出去。飘这说法太温和了——彩色浓烟从剧院汹涌而出，惊动了消防部门和消防局局长。

如果不是因为他的仁慈——他利用这个机会教育和轻微斥责了我们一番，并亲自拍照记录下我们所有的烟雾设备要对它们进行研究——我们很有可能被逮捕、罚款和起诉。天哪！太可怕了。

此后如果再要使用那些设备，我会雇用专业人士，向消防部门登记，获取所需许可，必要时请人监督全过程。我后来都是这么做的，我们有消防人员、医务人员、儿童安全观察员（在某些州和未成年人一起工作时需要）。

我回避了手续、抄了捷径、告诉自己没事、没听从内心的声音——我的错。

烟雾很有趣，但有时会有趣过头。应做足功课，并听从内心那个声音。

第23章

当光线是故事……
但故事不只是光线

我上学是为了成为作家，所以在很久前便误入摄影之森的我将光线看作一种语言，这并不稀奇。这是许多摄影师已经说了很多年的话。光线就是我们不折不扣的语言，它可以很专注、优雅、戏剧、狂热、眩晕、忧郁、活泼、辛酸、嘈杂。它能迅速改变场景的态度，比青少年的情绪变得更快。镜头前我们寻求漂亮、合适、可爱的光线，一如作家想要造出巧妙的词句，抓住读者的心。

有时我们会使用现有的光线，这是一种值得的合作、一种伙伴关系。我们可以好好地利用现有的光线赋予我们的礼物。但有时我们会与光线对抗。正午的光线？它毫不留情、不留余地。有时，如果幸运地拥有选择余地，我们可以投降走开，晚一些或换一个环境拍摄。但有时我们很可怜，往往编辑/客户指派的工作堪比让你当天挖出一条30米的壕沟，不计成本或条件。（你必须选在中午在户外结婚，是吗？或者……你真的需要在一个小时内拍100张肖像照吗？）因此，我们必须赶出毫无条理可言的照片，我们必须这样做，毕竟完成那"30米"的配额也意味着当晚用餐时可以额外配一杯朗姆酒（或者，希望是一张薪水支票）。

在这样的工作里，我们变得像忠实的霍多（出自美剧《权力的游戏》）。我们守住那扇门、做我们必须做的事，即使注定失败。

其余时候，我们会震撼于一个场景的壮丽，那其中还融入了完美的光线，相机则贪婪地把其中的美丽尽数记录下来。噢，那些美妙的日子！

多数时候，我们不得不自己制造光线，实际上制造光线才是我们真正的工作。光线是整件事的核心，不同照片中光线的共鸣、重复与情绪，才是让这些照片具备联系或一致性的真正原因。在构思这样的冒险时，我们会先在脑中勾勒出画面，然后把它们照亮。

以下这一系列的照片是我为尼康拍摄的，他们指派我去展示他们加入了无线TTL闪光灯的市场争夺。"用我们的新闪光灯拍照，只能用无线连接！"这是唯一的指令。顺便说一句，尼康绝非第一个走无线路线的制造商。无线控制的TTL曝光已经存在了一段时间，而在此期间，尼康的热靴闪光灯系统仍然坚持着令人痛苦的有线连接。但随后SB-5000面世，我便原谅了一切，它的优秀让我沦陷。

鉴于我有着将闪光灯藏在意想不到的地方的历史，这种新技术成了我想象力黑暗面的完美搭档。我根据黑色小说和电影构思了一个故事情节。在这种犯罪类型的故事中，邪恶行径都有一定的连续性，并往往是重复的。汽车旅馆、坏人、破烂不堪的街道或废弃的工业场所、酒吧——所有这些都发生在傍晚或深夜。这意味着阴影、抑郁或有角度的光线、戏剧场面，如果是彩色摄影，就还有濒临俗艳的饱和度。

为这种故事情节照明意味着热靴闪光灯通常会彼此分开，以某种方式隐藏起来，因此无法有线引闪。这里我就不探讨已经日久年深、众所周知的机械问题了。如今闪光灯应用教程遍地皆是，听到"光源越大，光线感觉越柔和"的频率非常高。

谢谢。我知道我应该用大光源。

我在这里使用的技术，你在相机商店或摄影网站上都可以找到。滤光片：暖色的、冷色的和一些红色的。原始光，用网格或长嘴灯罩控制，有时是小柔光箱。光圈取决于现场的感觉以及有多少内容需要保持清晰。简而言之，我采用的都是简单、熟悉的工具。决定照片能否成功的不是曝光或光圈，甚至也不是那些新奇时髦的（当时是）让我可以把闪光灯藏起来的无线TTL通信器。

造就这些照片的，是其中共通的光线的情谊，就好像它们都聚集在同一把火的光芒周围。光线赋予每个场景以信息，并与每个场景都很贴合。

美的光线，投下阴影并掩盖身份的光线，添加红色滤光片和网格以模拟汽车尾灯的光线，与暮光的冷蓝色对应的温暖光线，为一张充满威胁的脸而用的昏暗光线。

这场热靴闪光灯的旅程始于纽约市阿尔冈昆酒店的蓝色酒吧（216页上图）。这位思考中的女士孤身一人，带着她的思绪和一杯马提尼，完全没有意识到自己已被人盯上。你看，在蓝色酒吧，所有的灯都是蓝色的（传奇演员约翰·巴里摩尔爵士在百老汇演出时曾入住阿尔冈昆酒店。他建议酒吧用蓝色灯光，认为这样会让人看起来好看。直到今天，那里的每一盏灯都还是蓝色的）。

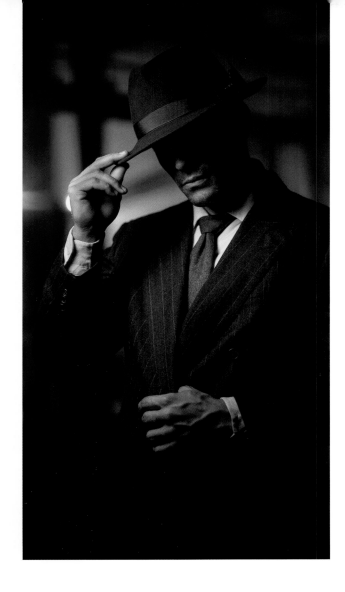

之后他们会开始接纳顾客。这是个符合逻辑的解释，或者坦白说，可能当时我压根儿没想到这点。

晚些时候，她化上晚妆，又是孤身一人——只有她、一杯香槟、无可挑剔的指甲、万般风情的长裙，有种复古的魅力，就像电影中常说的："真是个美人！"

我们前往新墨西哥州经典的蓝燕子汽车旅馆，该州被怀疑拥有人类历史上第一次核爆炸的"荣誉"。这个路边的汽车旅馆是时光倒流的完美环境。霓虹灯，四周开阔的天空，旧的道具车，经典的汽车旅馆小房间。在我们的女士背后是从酒吧跟过来的那个男人，正潜伏在停车场的阴影里。两人建立起了联系，她在洗澡，暂时遗忘了迫近的危险。他站在门框处，眼里透出威胁。

这次幽会显然是个错误，第二天清早，她抚摸着枕头，脸上尽是懊恼。白天她不动声色，然后在暮色中从汽车旅馆的门口向外窥看——她被监视了。深夜，在暴风雨的掩护下，她逃到了约定的会面地点，那当然是一家废弃的发电厂。在那儿等候她的不是她要见的特工，而是停车场阴影中的男人。当他从机器后面跳出来时，她惊恐地跑了起来。黑暗笼罩着他的脸，他在调整他的软呢帽，重又消失在黑暗中。

要做到这些，需要什么？

几盏灯，一些滤光片，夹子，胶带，几个小的、简单的光效附件，支架，三脚架，相机以及镜头。这一套装备不算太多或太复杂，也不一定很贵。

因此，我的强调光也是蓝色。一盏添加了蓝色滤光片和长嘴灯罩的热靴闪光灯突出了那杯饮料，她身后的一盏灯则使她的头发蒙上了霜。回想起来，我也许还试图在她头顶上放一盏暖色的灯来突出她的帽子，但……我没有这么做。可能是时间和金钱的缘故。和其他拍摄地点相比，蓝色酒吧的费用很高，我们也有个强迫终止的时间，有些照片拍摄时只用了一盏灯。有两张需要两盏。少数几张我用了四五盏或六盏灯，那确实需要一些管理。

但这些工具的应用很简单，真的。不是使用多少盏灯的问题。一盏灯如果派得上用场，那一定有原因——它有工作要做。这不是能用多少盏灯的练习。闪光灯的作用是成为你的想象的代理人，帮助你让想象得以实现。要保持简单、一针见血。如果对故事的讲述有帮助，就用闪光灯。如果没有帮助，就把它留在袋子里，然后表示感谢，因为不使用它会为你节省时间。还记得我说过灯光的使用与写作类似吗？太多的灯就好比一个失控的、没完没了的长句，应尽量避免。

想象力。在这样的工作中，你的想象力才是必须拥有的、真正重要的装备，它驱动着故事情节的开展。加入适量的预视，做个故事板，在抵达之前清楚自己要去哪里。要接受现场的位置、天气以及时间和空间的物理现实会偶尔给你带来惊喜并迫使你做出调整，但你要制定好自己的视觉路线。也许你不得不在某处走上出口坡道，但要尽最大努力不偏离自己脑中那条拍摄的高速公路。

自信心。相信自己可以创造出所寻求的光线感觉，并且可以将这种光线在许多照片中再现。这些照片并非意外。自信能让你不断高效前进。

时间表对于预算来说很重要。所有这些照片都是在 3 天内拍摄的。酒吧一天。然后转移战场，

没有正确的光线，所有那些狂热、美妙的照片梦想都将夭折。

在汽车旅馆待了整整一天一夜。再下一天开车去发电厂，并于当天拍摄。结束。

工作人员。要完成这样的工作，我并非独自一人。预先安排、获取许可和费用准备都需要在到达拍摄地点之前完成，这些工作需要一位注重细节的好制作人。工作可以独立完成，但你不会想要这样。独立完成工作会无限增加你的工作量，分散你对镜头的注意力。你需要负责的是照片，而不是团队的餐饮问题。制作的细节最好能聘请一位专业人士来负责。造型也很关键。如果是像这些照片这样需要某个时代特定的外貌和背景，造型必须无可挑剔。如果人物穿着短裤和印着 Pearl Jam 乐队名称的 T 恤，就行不通了。

演员——镜头前的出色人物。他们能扮演你脑海里的角色并与你合作，其特殊技能也会增强、丰富你的视野，给你一些你没有预料到的东西。他们自己的创造天赋能和你的一起碰撞出火花。

装备。虽然明显需要，但重要性是排在最末的。先有想法，再去积攒需要的支持。

接着，没错，闪光灯要发挥作用了。无论多少，你带来的光线都可以让故事变得生动。没有

正确的光线，所有那些狂热、美妙的照片梦想都将夭折。闪光灯就是将弗兰肯斯坦激活的闪电。不过，在用对了灯光的时候，尽量不要对着相机尖叫"它活过来了！"这可能会让工作人员们感到不安。

当然，我在写这段话的时候，能感觉到亲爱的读者你可能想对我尖叫："你这个混蛋、你这个有团队的大牌摄影师！我没有那么多预算！"

的确，完全理解。我很幸运能够得到这份工作，这是我想象虚构出来的东西，而尼康支持它并为这份工作提供资金。我得以雇佣那些在本职工作中表现出色的人，这份工作一如往常般成为团队的努力。

所以，预算。我也经常要面对一些极简的预算。在这里我要给你一点警告和建议，帮你把破烂的预算变成一组漂亮的照片。

制作方面虽然工作量大，但你可以自己完成：打上几通电话，设计出自己想要的细节。要记住，把想法里的骨骼弥合起来的是细节。忽略了细节，外景摄影这座纸牌屋就会在你困扰的脑袋里倾塌。想清楚这点，你才能辨别这些细节。

追求细节：因为外景拍摄没有什么会"自行解决"。去到现场时，没有什么"可能会没事"。在液晶屏上看得出缺陷的图像放到计算机上全屏观看也不会突然变好。照片不会自我治愈，不会做普拉提，不会采取12个步骤然后成为更好的版本。在现场的时候，如果内心那个声音嚷着让你纠正某些东西，听它的，即便这需要耗费正在忙里忙外的你本身就不多的时间和注意力。

在本地拍摄，不要外出。

在小城市或偏僻的地方拍摄，远离大都市，因为费用会很高。较小的场地也许会限制你的视觉想象，但规模小总比没地方拍摄要好。通过人们多久才回电话，你可以早早判断出一项工作的难易程度。如果必须要追着对方，前面的路可能会很艰难。

在一次预算非常、非常有限的冒险里，我需要一片墓地。我离纽约市很近，那里逝者众多。到"沉睡谷公墓"也只是扔块石头的距离，传说中的无头骑士就在那儿。我从未想过给这些地方打电话，也从没费心做一点哪怕是试探性的调查。地方越大、名声越响，去那里拍摄就越困难，成本就越高。这些地方所需的费用完全超出了我的预算范围。

但是在我那冷清的老家不远处有座公墓。我联系了镇办事员，拿到了公墓委员会负责人的名字和电话号码。谁知道呢？墓地需要照料和尊重，一群可爱的退休老人参与其中，纪念那些逝去的人。名义上负责委员会的那位先生接了电话，他很乐意参与进来，并提出当天在墓地见我。我到那里时，不仅他，整个委员会（好像是7个人）都在。商量好可以工作的地方后，我开始解释我的意图。

照片的构思很疯狂。我不得不看着这群理智、脚踏实地的人，努力克服尴尬，自信地跟他们细说我那以僵尸芭蕾舞者为主的万圣节照片的故事。

他们完全入了迷，甚是喜欢。

永远记住，外景拍摄时，最重要的部分是"外景"这词。这是你要放的最大筹码。即使世界上所有演员都在你门外排队请求出镜，你却没有能容纳他们的地方。外景就是司机、通道、许可——一个安排好、封闭好、付过钱的工作场所，许可证已签发并打印，也不会突然有人跑过来把插头拔掉。

用上你在本地的人际关系。给那些你认识的认识某些人的人。打几通电话，摆出让你追求这门手艺会带来的好处，以及希望他们支持本地艺术家的想法，提出会在社交媒体发布照片或致谢。作为公平、负责任的回馈，可以提出为他们的餐馆或面包店拍张照片，或者是为当地志愿消防队拍张集体照。让他们听到你声音中的激情，必须要让他们听到并感觉到你需要这样做。

我曾经在纽约市下东区为一位艺术家拍摄，她制作精确的动物尸体模型，并给它们上漆（它们很受欢迎，当时那里的艺术氛围就是如此）。她的"模特"来自当地一家肉店，后者对自己的死

在现场的时候，如果内心那个声音嚷着让你纠正某些东西，听它的。

猪将被人纪念并挂在某人墙上感到困惑，但他们还是支持她和她的艺术。于是我在店外为她和她的肉类供应商拍了张合影。照片很有趣——一个社区或其中的一部分聚集在一位艺术家身后，感觉很美妙。

使用渴望上镜的年轻演员或者是朋友，以及你认识的能够塑造角色的人。他们得自己做头发和化妆，自行准备服装。联系一下学校戏剧系、当地芭蕾舞培训机构、社区剧院，也可以在一些试镜网站上注册，这非常有用。我们最近发布了一个简单的模特试镜公告，男女都要，酬金为800美元，考虑到里面列明的我们对作品发行享有的权利，这价格完全不算高，结果我们收到了1000多份回复。

处理好所有文件。在到达拍摄地点之前完成，尽量不要在现场才拿出一份放弃文书。这会彻底破坏这种本该"大家团结一致投身神圣的创造行为"主导现场的良好氛围。并且，这会给演员重新考虑的机会，绝非明智之举。

提前并直截了当地把条件、费用和全部文件摆出来，剩下的便由他们自己决定。一旦签字，就不用担心他们临阵脱逃或在那里瞎琢磨了。

（上页）。我们给了布鲁克林的这家自助洗衣店一笔费用，让他们选择在晚上 11 点对公众关闭，然后让我们在那里拍摄几个小时。我们在这里花了 1000 多美元，因为相比其他自助洗衣店，这里很完美。身处大城市使得成本这么高，但这场所在真实感方面太过诱人，令人难以放弃，在郊区找不到这样的地方。我咬咬牙，把钱花了出去。

满足你的眼睛和视觉想象力永远是明智的投资。

尽量让场地的所有者对拍摄有准确了解，包括会出现在现场的人数、是否会使用灯光和支架等。尤其是如果要做使用烟雾机之类的奇怪的事情，也要告知对方。如果得到允许，便需要关闭自动喷水灭火系统，甚至可能要通知当地消防部门，以免邻居看到烟雾从窗户溢出而惊慌失措。带上一个大小适合的风扇，拍摄结束时用以清除烟雾。

如果你在从事外景摄影，最好能有个真正好的、乐于助人的保险代理人，如果他够优秀，便会建议你去购买一份灵活的责任险，无缝地允许你把一个机构作为附加被保险人添加到你的保险范围内。即使你试图在当地商店的梯子上爬高一级，他也会要求你买上保险。

即使是一份小工作，也要做一本前期制作书，以书面形式为每个人提供工作的关键点：到现场的时间、服装要求、交通责任、停车限制，诸如

拍摄地点亦是如此。问清楚有何限制，以及签署同意书需要提供什么材料或信息。有坏消息最好能提前得知，而不是照片发表后才收到电话："你没说你真的要用这张照片！"把所有文件处理好。如果拍摄结束后才像杰里·马圭尔（电影《甜心先生》主角）那样痛苦地意识到握手、微笑和"我一言九鼎"之类的保证其实是在"扯淡"，那就糟糕了。另外，主动提出在下班时间拍摄，这样就不会影响对方的生意。

例如在一家已结束营业的自助洗衣店拍摄

此类。写得详细些。"你没说我必须带3种服装选择！"万一下起了这样的"暴雨"，它会是庇护你的一把"伞"。我的意思是，这种"暴雨"仍然会发生，因为现在的人都不会认真把文件读完，但这本前期制作书可以保护你，因为上面白纸黑字写得清清楚楚。还可以用插图和艺术字体加以装饰，让自己看起来专业、细致。

如果演员和其他工作人员必须自己前往拍摄地点，无论是自己开车然后找地方缴费停车，还是坐火车然后乘坐出租车到拍摄现场，都要跟他们确认协议内容以及你愿意补偿什么。里程、火车和出租车的费用？报销费用不多或没有，都应先协商好。

将你的完整想法化整为零。换言之，如果你想要拍一个系列，先完成一张照片。如果拍到了一张，而且很棒，就会产生多米诺骨牌效应，其他好照片就会接踵而至。人们会看着它们然后心想：嗯，这位摄影师有点实力。

在对照片的追求中，要有承受如雪崩般而来的"不"的准备。

也要做好花点自己的钱的准备。这可能意味着要和镜头升级或其他事情说声再见，但满足你的眼睛和视觉想象力永远是明智的投资。任何时候，一张发自内心的照片都比更换一个镜头更重要。

噢，还要向大家保证，拍摄会很有趣。

僵尸芭蕾惊魂夜

一个危险的芭蕾舞者仍在逃窜。由于仍缺乏确凿证据，
因此我们无畏的探长尼克·奈特仍在四处侦察、追寻线索。
办公桌上出现了一条非常奇怪的信息。"墓地里的舞者？"
多名居民报告夜间曾于当地公墓遇见诡异的芭蕾舞者。嗯……

探长来到墓地，惊恐地发现最近死去的两位芭蕾舞者不知何故竟仍活着！
根据"乌鸦"的传说，若有人含冤遇害，
其将死而复生并寻求复仇。
他们并不打算伤害尼克，因为知道他正在追捕凶手以求让自己安息。
于是他们漂浮在自己的坟墓上方并向尼克招手。

漂浮效果是由玛丽莎和娜塔莎在事先摆放好的迷你蹦床上做出小幅度的跳跃
（其实是被弹起来）而达成的（蹦床会在后期制作里处理掉）。
她们需要做出整齐的跳跃，我则在她们跳到最高点时拍下照片。
要做的并非平常舞蹈演员那些活力四射的跳跃，而是笨拙难堪、
死气沉沉的一些跳跃。
她们曾经是充满活力的年轻舞者，但现在成了僵尸。

才华横溢的卡特丽娜·格里科及其团队将完美呈现僵尸的妆容。

乔·麦克纳利

第24章

虚无的呼唤

　　背景是我们的长期困扰。它们一直在我们周围，也同样随时随地出现在我们脑中。城市那混凝土尖顶和狭长的商场破坏了那些无人居住的空间，用广阔的停车场和仓库取代了"城市边缘的黑暗"（借用一下布鲁斯·斯普林斯汀的专辑名）。所有这些毫无吸引力的大盒子都抹上了高压钠灯那难看的土黄色，或更糟的是染上了高压汞灯那像长期无人看管的鱼缸那种黏糊糊的绿色。电线举目皆是，给人一种格列佛在小人国被挥舞着电线的利立浦特人困住的感觉，制造着忙乱和阻碍。从太空看，这个世界仍然像一颗可爱的蓝色玻璃球。而在街上看，它就像一个脏兮兮的、杂乱的线团。

　　我带着相机在纽约这过度繁忙的城市中心地带长大，出于缓解压力和空虚的原因，我知道自己可以到下西区的肉库区游荡，寻找铺满鹅卵石的街道、破旧的店面和极度荒芜的人行道。基本不用申请许可，到那儿就可以拍摄。

　　那儿是个庇护所，尤其是下雨的时候，因为用来悬挂和滑动牛肉的所有架子都还在。肉市关闭后，那里白天很孤独，晚上则很荒芜，只有一些在街头工作的居民，他们生活丰富多彩且健谈，对入镜绝无兴趣。

　　很久以前我为一位健身教练拍摄时，原计划是"人行道上的时尚"这样的主题，结果倾盆大雨打消了我们在街上拍摄的想法。在她的建议下，我们转头进了一家性感内衣店，她是这家店的常客。在她买东西的时候，我转头看着助手，大概是跟他说，"这次拍摄将有全新面貌"。

　　我们顺其自然，去了肉库区淋不到雨的地方，然后借助一盏有力的闪光灯开始拍摄。模特精力

充沛，非常出色。正当我们拍得起劲，一辆纽约警察局的警车在满是雨水的黑暗中开了过来，停在离我们6米~9米的地方。我开始紧张起来：我可靠而又自由的地盘就要泡汤了！我没有拍摄许可！他们会要求我提供文件或者质疑我来这里的目的甚至质疑我的道德。

但这些都没有发生。警察只是待在车里欣赏我们的拍摄。我看着加思说："很好，现在我们有自己的保安队了。"

幸好他们很享受，因为我把我的车45度角停在路边，前轮压在人行道上，以"入射角、反射角"的方式让车的前灯从闪亮的砖块背景扫过。那是背光源。没有闪光，只有远光。警察也没因为这事把我抓起来。

但那样的肉库区已经消失——诱惑而危险的黑暗，曾让人有拍照冲动的空旷街道，都已不复存在。取而代之的是一个熙攘闪亮的城市，还有一家苹果店。

干净的背景，无障碍的拍摄和工作场所，一个不杂乱的地方。

我们可以使用手上的照片工具将障碍最小化并去除。温哥华的一条

小巷处处是电线杆，让我以为自己走进了一盒牙签里，而光圈大开至 f/2.8 的 200mm 镜头能把它变成悦目的几何图形（左图）。热靴闪光灯透过 1×6 的条形柔光箱上下打光。垂直线条，垂直形状，垂直取景……垂直闪光。

85mm 镜头，f/2 光圈，即使是纽约时代广场也可以像扔烫手山芋一样扔掉（下图）。

背景中失焦的部分就是这个场景（左图）。实话说，时代广场那无比丰富的色彩和光线应该被拥抱，而不是被忽视或最小化。

光圈为 f/1.4 时，甚至可以选择更宽的镜头，这里用的是 35mm 镜头（下方上图）。但有效的拍摄方法很有限：必须靠近模特，开大光圈，并接受她的鼻尖很可能会有点偏离临界锐度，为了背景管理而被牺牲。

如果往后退，即使光圈大开、用更宽的镜头，结果都难以保障，就像车水马龙中娜塔莉在路人注视下跳起芭蕾踮起脚尖一般，摇摇欲坠（前页右下图）。一团糟！

背景有时好比你隔壁邻居家后院的高中毕业派对上正在演出的重金属乐队。它毁了你的周六，但你也只能微笑着咬紧牙关，毕竟他也不是每天都在毕业，对吧！

诚然，干涸的湖床不是随便就能找到。但如果有，我便是其狂热粉丝。前往荒芜之地，仅有天空和龟裂的大地。在稀疏和荒凉中，没有太多身体和精神上的纷乱，以及由此而生的目的性，也没有太多因成千上万辆汽车的尾气和发电厂的腐臭气体而变得难看的嘈杂光线。清晰的光线咄咄逼人，它们不会躲在公寓楼背后，而是将最好一面尽数展现。

光线是有边缘的。阴影是界线明确的黑色空间。

大老远跑去空无一物、没人能看得出你在哪里的地方，这听起来有悖直觉。但当你在郊区和城市苦苦挣扎的时候，若想要寻找一些不会在照片中喧宾夺主的背景，前往荒芜之地便是行之有效的做法。

你的眼睛不会受限。太阳西沉，阴影向远处无限延伸，你也可以一直跟随着它们，因为虚无永无止境。

不协调性是我一直很喜欢的元素，在这里非常容易实现。为何武术家要在此处让人打碎头顶上的煤渣块？

为何拉斯维加斯的表演者会出现在沙地中央的一个三脚架上？

为何衣着优雅的模特走在一望无际的路上？在那片大地上参加晚宴？

不必将主体与信息捆绑——比如"这是店主，这是商店"——这让我无拘无束。提到照相馆，我一直认为它们只不过是一些有着高高的天花板、白色墙壁的大的无菌房：一些将要载满摄影师想象力的空盒子。

干涸的湖床就是一个非常、非常大的空盒子。清晰的地平线可以带来清晰的思路、空旷的空间。可惜的是，它们也和真正黑暗的天空那样越来越难找到了。

到一个空无一物的地方。

然后，在虚无的面前，放上一些东西。

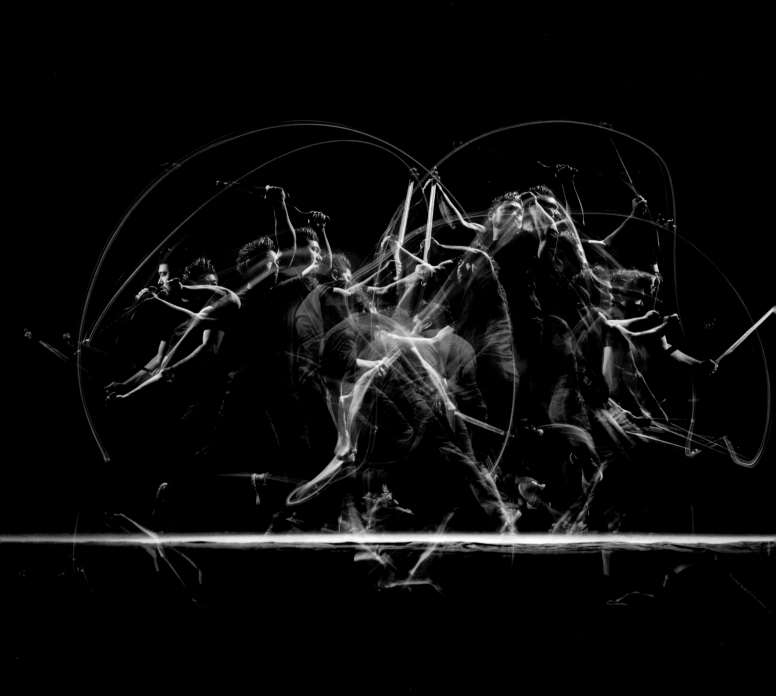

第25章

相机自助餐

绚丽的照片！

更新的相机技术已经解决了许多较复杂的图像方程，现在比以往"更容易"利用镜头放胆一试和进行想象。在我们狂按快门时，自动的闪光和曝光系统共同合作，讨论并自动解决问题。相机为我们解决了许多问题，极大地扩展了我们的想象力和镜头的可能性。这是一场美妙的进化。谁也别想把又踢又叫的我拖回到36次曝光的胶卷筒和Kodachrome胶片的世界。

但要注意，相机算法再精明，也比不上你自己脑中那常识和经验的结合、那日积月累的拍摄智慧。

当前不断发展的相机技术和众多的选择就像拉斯维加斯酒店里的自助早餐——一大片华丽的诱惑展示在你面前。

在我最初加入摄影这个游戏时，菜单选项只有快门速度和光圈，绝对更像是州际公路上平价汽车旅馆的早餐服务，而非设备齐全的酒店。快门速度、光圈如同泡沫塑料碗里的脱脂牛奶拌棉花糖米酥。噢，对了，对焦也得自己来。

在技术驱动的数字世界，事情发生了可喜的变化。现在的相机不再只是靠在你的肩膀上为你的作品集准备可选作品。你只需将相机举于眼前，就能将世界尽收眼底，这极其令人兴奋，尤其是对新手而言。当然，头几张不错的照片确实足够清晰，色彩、力度俱佳。哇！太容易了！这台相机拍的照片真的很棒！我应该走专业路线！

冷静。愿意的话，手中的相机完全有能力自动处理照片并表现优异。相机菜单深入且广泛，也提供许多解决方案。面前的相机背面有这么多的按钮和拨盘，感觉像一级方程式赛车的方向盘。LCD/EVF上满是可编程功能的通知，以及已经打开、可以打开、可以调整或已经调整的内容，多到以至于很难（某种程度上）真正看到完整的主题内容。远处那棵树上真的有个加号吗？不对，好吧，明白了，是相机取景器干的。你正通过相机来注视这个世界。

技术如此慷慨大方，你该怎么做？有选择性地使用。换句话说，不要把自助餐中的所有东西都尝个遍，会吐。

我指的是你要知道什么时候开全自动，或者说如何利用相机为你提供的信息并对之进行衡量和挑选，然后管理好这台强大的怪物。在相机位置、曝光、取景、构图和闪光灯功率等方面，你自己的摄影大脑才应该是最终的决定者。相机由你驱动，而不是你被相机驱动。要记住，你最初之所以拿起相机，是因为你对照片有所想象，你有视觉上的想法、观念或幻想。相机本身并没有梦境，它只有一颗冰冷的心。

那么让我们来举个例子，如果在过去，这绝对只能听天由命。

飞机里的闪光灯！另外两架飞机在带头飞机的6点钟方向紧跟着。烟雾！日落！找到可用光线，确定闪光灯的位置，安装并触发相机。我该从何入手？

让我们化整为零，先讨论一下我的亢奋大脑和相机的计算头脑如何相交。我们在空中高速前进，所以相机必须以较快的快门速度拍摄。我使用了快门优先模式，这在更倾向于光圈优先或完全手动的我这里比较罕见。但在这里，为了确保清晰度，我需要使快门速度有保障。那些旧双翼飞机是了不起的机器，但也可以是带翅膀的打蛋器。相机夹在我头顶上方的机翼上，但就处在位于正前方的发动机和狂暴的螺旋桨后面，无论夹得多牢，它都会被大风和飞机的轰鸣肆虐。我可不希望快门速度变慢，在光圈优先模式中存在这种可能。我大手一挥，把相机调到快门优先模式并设定1/500秒为底限。

> 利用相机为你提供的信息并对之进行衡量和挑选，然后管理好这台强大的怪物。

对焦是手动的。相机和飞行员相对于彼此是静态的，镜头具备14mm的焦距，最好

在飞行员坐在那里时让焦点落在他身上并确认对焦完成，然后切换到手动对焦模式，把镜头筒用胶布贴牢。自动对焦很美妙，但它会有自己的想法，尤其是背光的时候。你可不想在取好景、飞上天之后，自动对焦来回徘徊。不管光标在哪儿，自动对焦的焦点都会像人的眼睛和大脑那样被明亮的物体吸引。我可以想象它在说："噢，看看这美丽的日落，太应该保持清晰啦！我要去那儿！"所以锁定它，别让自动对焦随处逛。

闪光灯在飞行中保持手动模式，这听起来很疯狂。且听我解释。在快门优先模式中，光圈将浮动以适应感知到的曝光，导致人们认为这是用TTL闪光来配合光圈的理想机会。但是，如果将曝光补偿考虑到TTL闪光内，相机用上14mm镜头，而闪光灯部分照向天空、部分照向深色夹克，这和飞上高空时对光圈进行猜测没有两样。我把闪光灯锁定在1/8功率，从而消除一个变量。在地面测试时，闪光灯曝光够亮。这是好消息。我知道当相机直视太阳时，光圈在空中会开始闭合，我希望自己凭直觉猜测的闪光灯功率合适。随着日

光的减弱，那些在地面测试里明亮的曝光会变得黯淡。这有点像以前没有现在的各种工具的时候对相机内双重曝光的增益补偿进行测算——纯粹是瞎猜。

为热靴闪光灯加上了暖色滤光片，夹稳，然后用束带绑得紧紧的（外景拍摄时我们总会带上束带，这对确保东西安全至关重要）。

从机翼上的相机角度（对页）应该可以看到，我用一根SC-29连接线一头通过热靴连接相机，一头穿过飞机内部连接闪光灯，在相机右边操作。这是盏SB-910闪光灯！没有无线TTL模式，只有视线，这迫使我选择使用连接线。多亏了斯蒂尔曼双翼飞机的老式内部设计，飞机内部有大量的缝隙、开口、接缝和手柄，我可以到处拉线而完全不会干扰飞行控制。

我坐在前排座位、相机下方，聚精会神地从后视镜里看着正在靠近的追逐飞机。等到它们在后视镜里变大，我便对着耳麦大喊"喷烟！"然后3架飞机都喷出了烟流，而我在疯狂地按快门。采取手动、低功率闪光灯这一做法的另一个原因是1/8的功率意味着我可以将画面调暗，这在飞行员短暂喷出烟雾时很有必要。如果TTL一不小心用了高功率，便会浪费几秒的烟雾和日落，然后又要在空中转一圈，又得重新从太阳那边飞过来再拍摄一次。宝贵的时间将浪费殆尽。

我对高科技相机菜单的自助餐内容很挑剔。先看看都有啥。"幸好现在可以这样做"方面有以下内容。

快门优先模式。好消息——光圈跟随光线强度变化而变化。光圈优先模式是这种模式的对立面，即反过来允许快门速度随着光线强度变化而变化。这两种模式已经伴随了我们很长时间，现在仍然是摄影的最强日常工具之一。

高速同步。了不起。多年前拿起相机时，快门速度/闪光的组合最大只能达到1/60秒，对所有方式的报道都造成严重限制。当它达到1/250秒的时候，我们欢欣鼓舞。现在它已经轻松达到1/8000秒，像他们说的，完全不是一码事了。

更新的镀膜广角镜头。飞机上我用的是当下的14-24mm f/2.8变焦镜头，超级清晰，有着配备现代镜头技术的所有固件。在视野方面，对等的老式镜头大概是手动对焦的尼克尔15mm f/3.5镜头。直视太阳时，老镜头会得到一个超大的眩光。现代镜头技术太厉害了。

卡槽。巨大的数字存储空间、快速的处理、出色的缓存。想一想，如果没有这些而采用胶片的话，每曝光36次，飞机就得降落一次。

分辨率。像素越来越多，范围越来越大，文件深度越来越大，足以同时容纳日落的亮度和皮夹克的黑暗。

"嗯，这次先不用"方面有以下内容。

自动对焦。不行。它仍然会导致一些干扰和小缺点。若没有人会走动的话，直接取景、对焦、锁定即可。

高ISO范围。在我这种情况里，ISO低点更好，所以虽然现代数字更高ISO范围，其新优点也很明显，但没能派上用场。我有太阳、天空和闪光灯，这一次并不需要追求像素。

当然，这些空中视图的设置已经尽在我掌握之中，早已妥当。闪光灯已妥善摆放，测试和分析也都做了。我估计在飞机快速移动和太阳西沉的时候，空中会发生一些可预测和不可预测的摆动。但重点是，在飞上天空之前我已尽己所能做好了准备。

对了，有一件事出乎我意料，那就是我们的飞行员罗布·洛克在俯身进入斯蒂尔曼双翼飞机驾驶舱时，戴着一副橘黄色的镜面太阳镜（他身高6英尺6英寸，是一名前职业篮球运动员）。他就像疯狂的麦克斯（出自电影《疯狂麦克斯》）一样酷，还有那副眼镜，再搭配加上暖色滤光片的热靴闪光灯，妙！我看见"照片之神"就在那儿对着我微笑。

在奥运会上，"照片之神"的脸色往往严厉得多。你没有控制权，只能做官员说的和你的证件允许范围内的事情。你得在指定的地方，和数百名摄影师在场外，盼望得到毫秒间的优势，以将自己的照片与其他同时拍下的数千张照片区分开来。这很难做到，尤其是我们基本挤到要坐在彼此腿上，使用的也是同一种镜头。在这种情况下，相机的新技术真的有助于你掌握无法控制的比赛项目。

尤塞恩·博尔特夺下200米金牌的比赛里，我换了位置。博尔特将连续第三次获得奥运会200米金牌，因此摄影师的最佳位置上挤满了人，人比平时还多。我去到了弯道那儿，在那里他和其他选手会飞快地从镜头前掠过。我还可以清楚地看到起点，但实话说那边没人在乎，除非有人失误或被取消资格。显然这并非最佳位置，基本只有我一个人跑到了那里。

这就是动态自动对焦发挥作用的时候，它比我在手动对焦上做得更好，可以参考网格里的这组照片（下图）。这种相机技术属于"没有它我怎么办？"类别。看看这个类别都有啥。

动态自动对焦。前面我提到过自动对焦会漂移，例如在面对明亮背光的时候。在这里，在这绝对重要、"时不再来"的时刻，它的表现完美无瑕。奥运会赛场的光线水平面向的是电视，运动员的服装一般都五彩斑斓。这里我把自动对焦设置成一个小的对焦点阵列，让它们像比特犬一样盯着博尔特的胸口，将他紧咬不放。

镜头技术。400mm f/2.8，镀膜，能优美流畅地表现主题，速度快，整个系列都是用 f/2.8 大光

圈拍的。

　　相机拍摄速度。这些照片是我以每秒12张的速度拍摄的，无须多言。

　　快速移动的主体，"快速"的相机。他只跑一次。深呼吸，跟上他，保持稳定。奥运会上不允许使用三脚架，所以我的400mm镜头和D5相机全靠一个结实的捷信独脚架保持平衡。独脚架虽有用，但在坚固方面远不如三脚架，简单来说就是容易倾斜，尤其是顶上还装有沉重的相机和镜头。能够略微提高独脚架稳定性的一个方法是把独脚架的标配脚垫换成又宽又平的橡胶脚垫（右图）。我所有的捷信脚架都装上了这个。

　　当运动员在冲刺、人群开始喧腾时，你的大脑也在透过眼球尖叫

着："别搞砸了！"这时候能够保持稳定和冷静是千金难买的特质，而奇怪的是，这块小橡胶可以增强这种平静和控制感。多数独脚架出厂时都带有一个圆形的球状底部，如果把它错放在松散的地表或任何易滑表面上，相机在受到压力和摆动时便可能会滑动。

运动员速度如此之快，以致最细微的失误都可能让你失去构图，突然间你就只能拍到第八名或前排粉丝的清晰照片。扁平的脚垫可以提供更好的支撑。此处有我的亲身惨痛经历——在手动对焦的年代拍摄贝尔蒙特赛马锦标赛的时候，我那租金低廉的劣质独脚架略微滑了一下，三冠王比赛的终点冲刺镜头就搞砸了。后来我费了好大工夫跟编辑解释我在拍摄现场痛苦的一天。

站立的姿势也很重要。需要摆动一个大镜头跟踪一个拍摄对象的时候，视野必然变窄，因为拍摄对象会逐渐充满画面。要确保你的姿势可以做到不移动脚也能平稳地摆动镜头，因为如果移动或倾斜身体，或者是打个嗝，都将错失那个画面。失去那个画面则一败涂地。

最主要的照片（对页上图）是在10:37:28拍下的，编号为JM2.5504。在10:37:29拍下的JM2.5508则是一张不同的照片（右上图）——尽管清晰，但拍到的是落败选手，弃掉，再也不见。你追寻的照片就在那里，机会转瞬即逝。

问题是，即便已经是从相机令人眼花缭乱的功能中精挑细选，也清楚地看到它有多强大，它仍在不断变得更好。如今要用本章的标题"相机

自助餐"来指代无数的菜单比以往更困难。相机很优秀，而且一直在进步，现在更像是餐桌服务。相机会向你走过来："请问主人今天想来点什么？"

"嗯，我想来一张相机内的多重曝光（劳烦来3次曝光），并将TTL闪光摄影融入其中，A、C两组为单次闪光，B组为频闪。可以安排一下吗？"我只需坐在那里盯着镜头（感觉好怪），在触摸屏上选择一些命令，就能安排好一切并在相机内完成所有工作吗？比如，闪光灯放好以后，我就不用跑去它们那边了？噢，拿铁酒吧在哪儿？

再加大点难度，在3次曝光期间，我想让相机保留所有3个原始文件，但同时进行"重叠"并在"平均"模式下将几次曝光合并。相机会把3个原始文件作为三重曝光的独立元素记录下来，同时也将所有3个原始文件处理成一个高分辨率JPEG文件。只要我按下显示按钮，相机便会完成

合并。

　　让我们逐个步骤探讨一下现代的多重曝光。

　　在"多重曝光"选项中设定3次曝光。"重叠"选项里，我选择了"平均"模式，因为我感觉曝光不会很极端，不用处理极端的高光或阴影便可以轻松合并。我选择保留原始文件作为单个独立的曝光，保留回旋余地。我还选择了"重叠拍摄"，这可以让我在布置下一次曝光时看到刚刚完成的

一次曝光。我还将它设置为"一系列"。换言之，"多重曝光"命令不会像以往那样在每次多重曝光结束后就消失，创建并完成的每一次多重曝光都可以返回菜单并再次启动。现在，你可以设定好一次多重曝光，相机就停留在那儿，直至完成工作。太棒了！

　　接着是闪光灯。因为有3次曝光，所以有3个闪光的区域。A组控制的是他的起始位置（第一次曝光），C组控制他的结束位置（第三次曝光）。（照

片中的武术家丹・安德森技艺超群、动作流畅，能够在镜头前根据我的需要调整姿势。）

起始照片（右上）：单次闪光，A组，从相机无线遥控。丽图徕Pro Strip条形箱，用蜂巢网控制照明。

结束照片（右中）：C组，设置和A组相同。我完全没有离开过相机。

酷。这些只是测试照片，3次曝光的首尾两次可以相当轻松地完成。

但看看中间这张（右下）。

中间这张是B组，同样在相机上无线遥控，设定为"重复闪光模式"，或者更常见的称呼是频闪。频闪适合用于解析平移中主体，比如舞者、溜冰者、武术家，这类拍摄对象动作快且复杂，眼睛难以跟上。闪光灯的重复闪光可以定格正在发生的旋转和撞击，同时根据这些光束的频率创造出能够详细描述运动的非常有趣的图案。闪光将动作分解并定格。灯光闪起来的时候，你会感觉自己身处的并非拍摄现场，而是一家20世纪80年代的迪斯科舞厅。

所有设置都在相机上进行。选择重复闪光模式时，需要设定3个相互关联的元素，它们都会在液晶屏有简单的显示：闪光灯的功率、闪光的频率、闪光的总次数。三者必须良好配合，并与移动中的拍摄对象的速度与动作相契合。

值得注意的几点如下。

闪光灯功率。不能指望闪光灯保持高功率不间断地照明。为此我把闪光灯功率设置在1/8，保持低功率

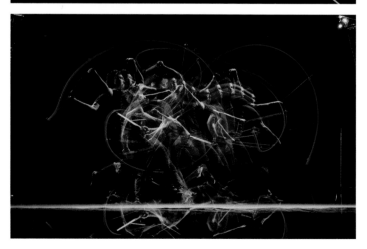

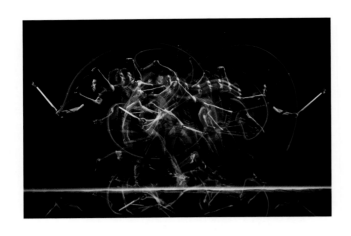

等级。根据情况可能需要使用多盏闪光灯来弥补功率的不足。

闪光的频率与闪光的总次数。闪光的频率和闪光的总次数相关。

闪光的频率可以自己设定，一个传统做法是设为10赫兹。闪光的频率确实能决定照片的外观。

在液晶屏上将闪光的频率设定为10赫兹，1秒钟内有10次闪光，便会产生前面提到的迪斯科舞厅效果。闪光的频率设定后，若想简单，可以设定闪光的总次数为20。闪光的总次数除以闪光的频率就能得到快门速度：20次除以10赫兹，快门速度为2秒。简单！

> 让这些身怀绝技的人来到现场，就不该让他们束手束脚。

实际情况并非如此。像丹这样的运动员，你不能要求他在2秒内从起点去到终点。这不可能。你必须把控制权交给他们，应当是你适应他们的移动速度，他们才是整场表演的明星。所有这些技术应该是为了给他们提供卓越服务，而不是反过来。让这些身怀绝技的人来到现场，就不该让他们束手束脚。

输入快门速度。第一次和第三次曝光是在静态的主体上使用一次闪光，我便简单地设定了一个合理的快门速度。但在使用频闪的第二次曝光时，我把快门速度直接改为B门，即只要我按住那个按钮，快门就会一直打开。我有完全的控制权，而我用它来保证运动员能够以自己的速度做自己的事情。我在旁观看，等到他完成后松开快门即可。搞定。

然后请他保持最后的姿势，我在相机上重新设定到C组，进行最后的一次单次闪光。大功告成。

但是，如果没有适当的准备和预判，相机具备再厉害的"技术魔法"亦是枉然。如果没有合适的地点条件，相机的强大技术能力最终亦与一桶水之于4级火警无异。具体地说，需要下列内容。

对环境的完全控制。换言之，黑暗。相机唯一看到的是你照亮的东西。拍摄背景是深黑色，就没有竞争元素来抢夺光线和打断运动员的优美动作。

自行车灯。使用刀或其他运动器械时，我通

在一个黑暗的房间里）。所有3种情况光圈都保持不变，武术家的照片用的是f/6.3。

3次曝光中的每一次完成时，快门关闭，实际上什么也没有发生。你在相机上为下一次曝光重新做设定。冷静、迅速，但不会有恐慌感，因为你无需与对你的选择形成限制的不利因素做斗争。控制权完全掌握在你手中。还记得前面提过你是在一个黑暗的房间里吗？并且快门已经关闭，相机也是静音的。

自动对焦。 在3次曝光之间我也对自动对焦进行了调整。对于首尾两次曝光，即静态姿势，我选择用AF-C（连续自动对焦）模式和小的一组对焦点，并把它直接放在丹的身上——很令人放心的标准操作程序。有人可能会问，"为何不用AF-S（单次自动对焦）和单个对焦点？他并没有移动。"有些道理。但我之所以选择使用动态、连续的对焦点和一小群激活点，是因为我无法移动相机。相机是固定的。我是在镜头前对他将要做的动作进行测量、观察和估算的，准备完毕后，相机就会被锁定，不能再移动。

对焦点群组覆盖的是他身体上有着对比度反差的区域。他身着黑色衣服站在黑色地板上，所以对焦点包围着他的脸、高光中的肩膀和胳膊的一部分。光圈设为f/6.3的相机捕捉到了这些信息，并且绝对清晰。没错，我确实可以把单个AF-S光标对准他的脸部，但这需要把该点推到脸部。由于相机已经固定，我可能无法准确地将焦点移到想要的位置。小组的自动对焦很适合快速移动。

常会在上面加一盏自行车灯。它们能用光创造出示踪线，改善照片的观感。用胶带贴好后，把它们夹在脚上、棍子上，什么都行。我曾经把自行车灯绑在链球上，以显示奥运会链球运动员的旋转运动（对页）。她转了起来，然后它飞了出去。那一晚消耗了好些自行车灯。

黑暗中适合用时间较长的快门速度，甚至可以用B门。在一片漆黑的房间里打开相机快门会发生什么？什么都没有，一团漆黑。控制权在你手上。多次曝光、慢速快门和频闪都是一次前往黑暗领域的旅行。

有了多重曝光模式以及前面提到的黑暗， 你可以在3次曝光之间重新组合，并在相机上重新设定，改变闪光模式和快门速度。第一次和第三次曝光大概为1/250～1/60秒（这不是很关键，因为主体保持稳定，而且你们都在一个黑暗的房间里）。第二次曝光是在B门模式下进行的，大概为1.5～2.5秒（同样这也不是大问题，因为你和主体但在第二次曝光里，他开始运动和舞动刀锋，闪光灯也在闪烁——这里建议使用手动对焦。在他的起点到终点间，我铺上了一条颜色鲜艳的电工胶带，让他可以跟随前进并保持在中心位置。我知道他的起始姿势会很清晰，于是关掉了自动对焦。搞定。第三次曝光时，重新定位光标并打开自动对焦。简单。相机上的按钮真是好东西。

镜子。这不是我的功劳，而是从杰出摄影师格雷戈里那里偷来的想法。在类似这样的情况下，为让死气沉沉的前景变得活跃，格雷戈里会在相机镜头的下面插入一面小镜子，然后他会将镜子摇摆和倾斜，直至出现部分倒影。这就是画面底部发生的事情。我在70-200mm镜头下面摆了一块12英寸×12英寸的镜子。很有趣，无公式可循，完全随意。调整它的角度，对它进行测试，随便摆弄，直至呈现出自己喜欢的效果。

那么，不如大家都拿上一杯苏格兰威士忌或上好的红酒，一起来看些更简单的？没有频闪、没有第三次曝光、没有自行车灯、没有镜子。只有在相机内完成的简单的双重曝光。轻轻松松、简简单单，没有刀锋乱舞，也没有迷踪步法，只有一名老运动员在朝着一盏灯做托举动作，然后稍微转移位置看向另一盏灯。

通过"多重曝光"菜单中的"重叠"命令可以查看第一次曝光，同时确定第二次曝光的位置。简单得离谱。这是在尼康Z7II上完成的，两张照片用的都是70-200mm镜头。第一张托举的照片用的是83mm镜头，第二张侧面人像则是195mm

镜头。一张两次曝光的多重曝光图片。热靴闪光灯由相机控制。

　　亲爱的读者，尽情试验吧。魔法与力量，都
尽数藏在那个带着镜头的小盒子里。但请记住，
在你发号施令之前，所有那些魔力仍在沉默、蛰
伏，你必须先把剑从大石中拔出来。

第 26 章

追寻黑暗

要找到一个天生黑暗但又有趣的环境，你或许不会觉得困难。煤矿便符合条件。你也不会觉得要找到一个煤矿会有多难。它们只是一个个洞，不会四处溜达。那里的天气或光线亦无需担心，因为它们在地表 7500 英尺以下，始终如一。

关键在于如何去到煤矿下面。

现在这个时代，要进入煤矿绝非易事，但我运气不错，经人介绍进入了肯塔基州东南部的一个小型私人煤矿。我拿到了担保。为矿工拍些肖像照，别要求他们签署放弃文书或其他文件，握个手并保持友善，确保所有矿工都能拿到漂亮的照片。我也在远方和他们保持着一点联系，维持了大约两年，一直抱着重返旧地的念头。这就是摄影师的生活。

善待他人，确保在他们回想起你的来访时，脑袋里是正面的想法，而不是"那个带着相机从纽约来的混蛋"，或许你就会被邀请回去。

尼康公司向我发出了回去拍摄的提示。他们刚刚研发了一个超快镜头，58mm NOCT，几乎打破了光圈的规模，达到了 f/0.95，比 f/1.0 更快，堪称工程学的壮举、华丽的镜头单元、散景之王。是否需要 f/0.95 这问题留给读者来定夺。我的意思是，我懂了。这是一项成就，是历史悠久的相机品牌值得夸耀的资本，是兴奋的工程师眼中屏幕上闪闪发光的一组诱人的算法可能性，就像《夺宝奇兵》开头印第安纳·琼斯偷走的那金色玩意儿。你不需要它，真没必要，马上离开更安全。"进去的人没有一个活着出来！"

但你渴望得到它，而 f/0.95 要求黑暗。于是我给矿上打了电话。

将我带下去的电梯是个生锈的狭窄铁盒。

矿上正在三班倒全力生产，然后给了我一个可以回去的日期。我告诉了尼康公司，做好了准备，然后……矿井歇业关闭了。没有任何解释，大家都守口如瓶。任务有截止期限，我还做出了承诺。可笑的是我脑海里甚至已经有了照片，画面已经在想象中制作完毕。太不明智了，这堪比指望从糟糕的期货投资中获取回报。

如果说我就此被击垮，未免言过其实。一个在摄影这条公路上躺了40年的罐子，又如何还能被进一步压垮？

在打光或摄影技巧之外，外派摄影有个被忽视的技能，可描述为简单、固执的坚毅。我背负着将NOCT镜头带到地下的任务，就下定决心去完成。不需要打电话给大的采矿企业，他们最不欢迎的就是摄影师。野猫矿井危险且非法，所以他们不会回你电话。采煤行业正面临灭顶之灾。在那个时候，完成这项工作的唯一方法，是去往美国之外的地方。

你可以在其他国家完成一些在美国已经不再可能做到的事情，因为美国有着乱七八糟的限制、保险政策、几乎需要城里所有人签署的放弃文书和许可等。为出版物做编辑工作仍然可以渡过难关，但若是商业工作，就要面对"永久"使用条款、所有已知和尚未发现的范围大到囊括太阳系的复制权许可……更容易也更便宜的做法，是买张机票去一个稍微偏僻的地方。

例如，特兰西瓦尼亚。

罗马尼亚的九谷是传奇的煤炭生产区，整个国家的主要经济引擎之一。现已衰落的卢佩尼曾经是繁荣的大都市，被朝天喷着黑色煤烟的烟囱包围，如今依然保留有一个露天矿井。那里曾经有2000名雇员，现在只有160名。他们说我可以过去。我便将NOCT镜头收好，前往这灰色的特兰西瓦尼亚小镇；建筑一片空白、千篇一律，镶着木板的房间里有巨大的桌子和陈旧的电话，透过窗户，眼前尽是破烂、生锈的设备和荒蛮的土地。

接着，下一步。一位穿制服的女士进来给我量血压。要接近矿井深处，他们要确定你的心脏坚实可靠。她对我点头微笑。我的血压显然没问题，可以下到这个我能去的最危险的地方。

我脱掉自己的衣服，穿上从他们公司洗衣机里拿出来的工作服：僵硬、粗糙，一层又一层，靴子也不合脚。还有凹陷的旧安全帽，后来我对它非常感激，因为我即将遇到炸出来的凹凸不平的岩石天花板。头灯也戴好了。准备就绪。

然后，扛起装备，走到没有光线的地方。

将我带下去的电梯是个生锈的狭窄铁盒。身处地下250米一个轰隆摇晃着的装置内，有种被

黑暗笼罩的感觉，就像晚上在海里潜水一般。我漫画看得太多，于是产生了一些黑暗的想法，想象着深渊怪物正拉扯着这个用缆索拖动的石棺。

普通办公楼的电梯是不是在品牌标志旁边会贴有电梯检查员的时间表，上面写有最新的检查日期和批注？这里我什么也没看到。

到了下面，有一条漏水隧道中的小路，淤泥没至小腿，遍地是破碎的铁轨和漏斗车，还有残破的木头做成的临时支撑。两公里路直通矿山中

心。通道有时宽敞，但通常很狭窄低矮，向前穿行时几乎需要把身体对折，两个小时后才走到矿工那里。每走一步，我都要把恐惧咽回到喉咙里一次。

但在那里，在岩壁前，不可思议地有着笑容和玩笑话。我筋疲力尽，浑身泥泞，不得不暂做休息并再次陶醉于人类精神的坚韧，同时理解到这一天对我来说有多容易——我只是游客。这些人每天都在黑暗中工作。三班倒，24 小时，无休止地挖掘。

除了几个钻头，再无其他机械化设备，铁镐、铲子和坚实的后背构成了土方机械。但那儿仍然有笑声和玩笑。我摇了摇头。套用一句古老而著名的电影海报口号——在地下一英里处，没人能听到你的笑声。笑声之中，有着安静的勇气。

我架起一个三脚架，装上4磅重的NOCT镜头和一台Z系列无反相机。下面没有灯光，只有矿工的灯。我带了一块LED灯板，波格丹（过来帮我的优秀罗马尼亚摄影师）将它举高。矿工们为这次休息感到高兴，但我听不懂他们在轮流为拍照摆姿势时的议论，只能靠想象了。陪我下来的人实际成了我的声控灯架，我把他们安排在他们的头灯可以对我有帮助的地方。

拍摄一直持续到那一次轮班几乎结束的时候，然后我带着满身汗水和泥巴往回走向电梯，又花了两个小时穿过满是淤泥的隧道。回来路上，我们跌跌撞撞——真的是一瘸一拐，轻易就被轮班休息的矿工超越。他们快速而轻松地大步穿过爆破后的残垣，就像一群地下的瞪羚，似乎每靠近地表一步都能让他们变得更加敏捷。他们完成了工作，急切地回归光明。这就是他们的生活。他们用白天的时间与健康，有时甚至是生命来为家人换取比当地平均水平高出一倍的工资。而且在矿上工作20年后，会有一份有保障的养老金。

第二天，我在头灯房搭建了一间影室，让轮班休息的矿工们过来拍肖像照。我知道他们刚刚从哪里回来，并决心拍出尊重他们的照片，以某种方式承认他们别无他法而做出的选择——在吞噬一切的黑暗中工作。我想展示简单的人类决心，以及这种从岩石深处雕刻出煤炭的努力也在如何雕刻着他们的脸和身体，就像羽毛笔和墨水会在羊皮纸上写出文字一样。

后来，当我在他们的更衣室里拍摄那些对称的破

我筋疲力尽，浑身泥泞，不得不暂做休息并再次陶醉于人类精神的坚韧。

旧金属储物柜时，主管看到了液晶屏上的图像。他拍拍我的肩膀，指着一排排锁着的柜子："像个监狱，对吧？"

矿工们有一个传统。轮班时，从矿场中出来的人会和进来的人握手。他们会简单地互道一句："Noroc bun！"意思是祝你好运。

第27章

婚礼

　　我一直喜欢做婚礼的报道。注意，不是"拍摄婚礼"或"当婚礼摄影师"，这些我绝不会做。但对我来说，婚礼中的情感冒险一直是制作照片的好机会。欢乐很真实，照片的出现就像倒杯红酒一样轻而易举。

　　我的好朋友吉恩和奥利维娅的婚礼就是这样。情感毫不费力地沸腾了起来，照片自然而然出现。他们的爱很强大，能够见证这份爱情也是一种喜悦。他们跳上纽约地铁，去了市政厅，然后结了婚。我一个人拎着摄影包为他们拍摄，这项任务相当于赤脚走在沙滩上吹吹海风。

我非常尊重婚礼摄影师。他们工作非常努力，在我看来，多少钱都无法与他们的努力相称。而且，如果他们大胆地将个人的风格和处理方式注入工作中，就会更上一个层次。他们并不仅是用相机加闪光灯打些安全牌，还用自己的天赋、技巧和一点老练为每场婚礼盖章认可。新人们相信相机那摄影师之眼能够有力地表达出他们的爱情。

压力！

职业生涯中我曾拍摄过多场婚礼，既有从地铁到市政厅的简单婚礼，也有花钱如消防水管喷水的精心安排的一些。"花大钱"的类型总会让我害怕。我会过度准备，带上过多装备，提心吊胆。我的婚礼拍摄次数并未足够让我掌握一套系统或万无一失的方法。除了埋头苦干，通常根据宴会规模，我还得带上整个团队。一天下来，整个人瘫软得像块洗碗布。这还算仁慈的了。

　　绝对比我的第一助手德鲁·古里安对我的所作所为更仁慈。那是在凌晨3点纽约的人行道上，我们刚经历了一场令人力竭的盛大聚会、一场兴奋过度的婚礼，幸运的是它终于结束。大约从前一天早上8点开始，我们就一直在拍摄那有钱人的镀金生活，我的工作量比一天的奥运会报道还要多。

　　我一瘸一拐地走向街口的工作室用车，所有成员都聚在了一起，同样筋疲力尽。我走了过去，整个人看起来就像刚刚穿着燕尾服完成了一场铁人三项比赛。一向诚实的德鲁看着我说："你看上去像个又老、又惨、又累，还受了伤的牛仔竞技小丑。"此后我再也没有拍摄过婚礼。很是怀念。算是吧。

第28章

投机分子！

摄影师是讲故事的人，这是一直以来我听过的贴切、准确的称谓。我们同时也是勘探者和机会主义者——每当看到一张脸、一个地方、一个故事的潜力、人与人之间有趣的汇集，或是有发生冲突、伤害或英雄主义的可能，我们的天线就会竖起来。同样，如果"发现"了未曾报道过（至少自己没有）的现象，我们就会投入其中。我们的双眼盯着地平线，双耳对着情报站，一直在寻觅、观察、搜索。我们不停搜寻，将各种经历的碎片收集，指望它们最终成为好的照片。越陌生，越好；越偏远，地方或人物尚未被报道的可能性就越大。听上去很疯狂、迷人、遥远、失衡、多彩、罕见？抓起摄像机，出发！

作家与我们大同小异。他们描写的是他们生活中的人和场景。作家诺拉·艾芙隆有个著名的

观点："万物皆复制品。"根据他们从事的写作类型，他们可以是在报道，例如为报纸写的那些，也可以是在诠释，因为在报道他人的活动或当天的新闻时，他们也在文章中注入了自己的观点。

或者他们可以从脑海中抽出一些角色，这些角色实际上混杂着他们遇到过的各种人的缺点、性格、偏见、口音和举止。住在街区另一头有点古怪的邻居弗雷德，作为整体可能没什么值得书写的地方，但他的一部分（非常古怪、独特的部分）非常有趣，这一部分被善于观察的作家录入脑中，最终和其他人的零碎部分嫁接在一起。小说中的人物很可能就是由作家遇到的不同的人拼凑而成的。

多年前，我为《人物》杂志给一位年轻小说家拍摄。我们相处得很好，并交流了一些成长经

历。我提起我很少喝啤酒，尤其不会在我母亲面前喝。我父亲是个酒鬼，这是他和我母亲激烈内斗的根源。但是，依照当时的传统，他们受困于爱尔兰天主教的婚姻，无路可退。基于彼此间破烂不堪的爱，他们形成了可行的计划，可以像其他人那样过日子。啤酒是罪魁祸首，特别是周末。尽管母亲很讨厌这点，但绝不会断了他的啤酒来源。她会买些6瓶装的啤酒，然后藏起来，藏在同一个地方，一直都是。她想让他找到啤酒，因为如果他找不到，就会自己开车去买，这可不是个好主意。

讲述这件事的时候，我意识到年轻作家正在心里做笔记。她很坦率，说："某个时候我会用得着它的。"作家就像是在海岸线上收集被海水刷洗和研磨的卵石。一块奇怪的石头，谁会在乎？但若收集一大堆并放进罐子里，嗯，这可能会很有趣。

摄影师亦是如此。当我们听到某件事或某个新闻发生时，脑海里就会开始响起一个声音。如何才能得到一项工作任务？该不该去？打几通电话？该怎么办？收拾装备？跳上飞机？我是否认识哪个人而他又认识能让我进去的人？当然，客户、配偶或任何有点常识的人都可能会忍不住问："你哪来的保证那里会有照片等着你？这听起来就很不靠谱！你怎么证明这能行得通？"

没法证明。你只是在本能、希望和激情的推动下进行勘探，更不用说对能拍出兼具力量与实质的照片那近乎绝望的向往了。追求照片颇具风险。我们不能像作家那样坐在计算机前面，将个人历史和想象中的零碎片段拼凑成照片。作家可以让天空变蓝，描写极其偏远的峡谷边上古怪的隐士哈利所住的简陋小屋，他们在脑中就可以编造出这种迷人故事。哈利、小屋和他的古怪行为可能源于作家的生活经历中毫无关联的独立元素，这些元素结合成迷人的描述，充满了细节和细微差别。简言之，虚构。

但我们摄影师必须离开沙发去寻找真正的哈利！我们必须去追求、去研究，在现实世界中找到那些古怪、迷人、可怕、奇妙、有趣、有故事价值的人。

这项任务既奇妙，也令人烦恼。摄影师的口头禅可以是"让它成真！"只是通常不会成真。

我为《国家地理》杂志做过一篇关于人类大脑的报道。作为故事的一部分，我必须探讨有精神疾病的无家可归者这一关键问题。我设法找到了一个在堪萨斯城的富有同情心的社会服务团体，他们把我介绍给了流浪汉罗恩。他就住在高速公路旁的简陋棚屋里，在服药的时候相对容易共处。

我和他待了几天，观察他的作息和生活中的困难。这些照片来得相对容易，因为他是个典型的古怪人物，生活方式有悖于多数人眼中的正常，所以画面趣味已然是板上钉钉。难点在于如何找到他——与社会服务机构会面、合作以获得认可，然后让他们在带我去见当事人之前对我进行评估，再然后，将我介绍给罗恩，向他解释说杂志会认定他有认知障碍，而照片会展示他的居所和生活方式。同样重要的是，要确定他明白以上这些事情，以及一段时间内我会跟着他。在我能举起相机拍摄之前，所有这些都必须做到。

然后，我必须配合他。他不会有什么固定的时间表或日程。不能保证和他待上几天就会有结果，也不能保证拍出与任务相关的照片，甚至也不能保证我过去的时候他会待在小屋那里。但我还是去了，因为这就是摄影师的生活。

我们总得去看看。

有时候，一丝微光、一次谈话或一段关系也能提供做一些工作的可行机会。我有一位曾有过多次拍摄合作的好朋友。她并非专业人士，眼睛很可爱。通过她的家庭，她在得克萨斯州的石油行业无论是情感上还是商业上，都有很广的人脉关系。她经常谈及想在油田做个项目，因为她有途径，但不知从何入手。我提议说，与其由我大老远地提供建议，不如我们一起追求它，为这家似乎正处于奔向美好未来的重大飞跃中的公司创作一本书。

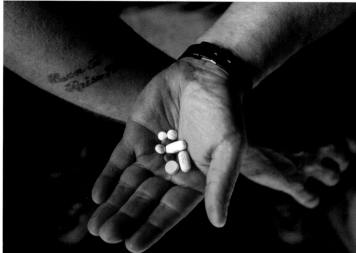

　　我的建议是我们做一个共同拍摄的项目，可以制成一本书、一个图片库，供公司发布用，形式可以是幻灯片、解释性视频、办公室的大幅印刷品、年度报告视觉材料等。

　　[企业委托拍摄的照片会有无数有趣的使用方法。我曾受马尔科姆·福布斯委托从直升机上拍摄他那著名的游艇汉兰达号（右下图）。那些照片后来被印在了船上的扑克牌背面。]

　　我写了一份提案和一份预算，引起了对方的兴趣，前去得克萨斯3次，会面、调研、培训，然后来了次实际的考察，最后形成了一次短暂的拍摄之旅。一切进展顺利。我把整个3月的时间都预留给这份实地的拍摄工作。一向小心翼翼的工作室经理林恩实际上也开始把它当作我们当年总体预算规划中的一项真正资产。30天的工作，来之不易。

　　然后，在当年的1月18日，我收到了公司老板一封两行字的电子邮件。

　　自项目开始以来，我一直——并继续——严重怀疑这个项目对我们来说是否正确……

　　手中iPhone挥动，拇指几下轻敲，项目就消失了，取而代之的是我日历上一个叫作3月的大

窟窿。可能他手中挥舞的不是手机，而是个火箭筒，因为那封小小的电子邮件在我的第一季度规划里炸出了一个月那么大的坑。如今每个客户在按下发送按钮并开出支票前的最后一分钟，都还在从各个角度评估本次照片拍摄的支出，在如此的工作环境里，这对我是个沉重的打击。

我回复了一封坚忍的邮件："我明白了。"我还能做什么？那位先生很有礼貌地提出支付一些费用，但我拒绝后走开了。没有哄骗劝诱，没有抱怨，也没有威胁。对于这种情况，我的口头禅一般是"接受打击，然后继续前行"。锱铢必较并

在支出明细和发票上逐项列出我的失望，这不是我的风格。当然，我对自己的困境感到一定程度的惊愕，但也很平静。我不是第一次遇到这种情况。像他们说的，一扇门被关上，另一扇门就会被打开。这在摄影行业非常真实。

谢天谢地，ESPN来电，于是那年3月我便前往拉斯维加斯进行世界大脚车总决赛的拍摄。虽说不是长达一个月的工作，但很有趣。

世事本就如此。对于摄影师来说，事情总有起落，有时跌幅相当大。必须去适应它，适应其中的风险，适应浮现于梦中的怀疑。必须有足够的热爱，才能在下一次幸运／灾难逼近时，仍然坚定不移。必须继续勘探。

在得克萨斯州的几次旅行中，我非常喜欢一位年长的石油商，他是一位在世界石油勘探和开采方面有着辉煌历史的杰出地质学家、国家智慧的典范。有一次他看着我，两眼闪着光，然后说："乔，知道吗？你和我很像。你就像个石油勘探者。你不知道外面会不会有照片，但就是得去看看！你是个勘探者！"

"勘探者"有许多定义，但最重要的是，你是个经常要和极其不确定的回报做抗争的探测者。比方说，你是专业跳伞运动员，而如果你的降落伞打开的概率和摄影师工作成功的概率差不多……你就再也不会从飞机上往下跳了。

但是作为一个摄影师，你得听着风声，吸一口气，跟随直觉，然后纵身一跃。有时降落伞打开得很顺利，有时……没那么顺利。

有时会发现石油，有时会撞到沙地，或者收到一封只有两行字的电子邮件。

第 29 章

事物状态

几年前，我受委托为 4 名优秀女性拍摄照片，她们是常年实力强劲的康涅狄格大学女子篮球队的核心球员。客户是 *ESPN* 杂志。太棒了！

我记得自己在康涅狄格大学训练馆四处看的时候，心里想的是，这太酷了。从摄影上讲，这是我从小就在做的事情：带着装备过去，布置场地，顶着时间的压力工作，想出赏心悦目并有助于故事讲述的不同画面选择。拿到入场券、全身心投入、自信地行动、指挥好动作、处理好灯光、偶尔犯点傻、玩得开心点。这是有拍摄任务的一天，对自由摄影师来说，就像是在海滩吃草莓味雪糕。

我和我爱的人一起工作。那是个很棒的团队，有我们多年的小组组长卡利，还有过来我们工作室帮忙的优秀年轻摄影师安德鲁。我的妻子安妮也参与其中，她负责幕后工作：拍摄剧照、制作

GIF、对编辑 / 客户向摄影师提出的大量需求进行处理、与我保持联系并确保工作没有任何遗漏。聘请我们的是蒂姆 • 拉斯马森，他是一位了不起的编辑，在业内很有影响力，也是我的好朋友。

我的工作做得很好，不是大喊、大叫、把天花板上的吊灯都给震下来式的"做得好"，而是坚实、高效、离开时清楚自己拍到了好照片，然后坐在车上尽情放松的那种，那种值得在晚上喝杯美酒的"做得好"。如果我是摄影教授要给这份作业打分，我会给自己打个 B，或者是 B+。

我和球员们待了一小时，更妙的是，她们是我那段时间遇到的最可爱、最有天赋的孩子。这 4 名年轻女性刚刚连续赢下了 100 场比赛，创下了 NCAA 的纪录，基本上是以专业杀手般的决绝与自信在各种比赛上碾压对手。

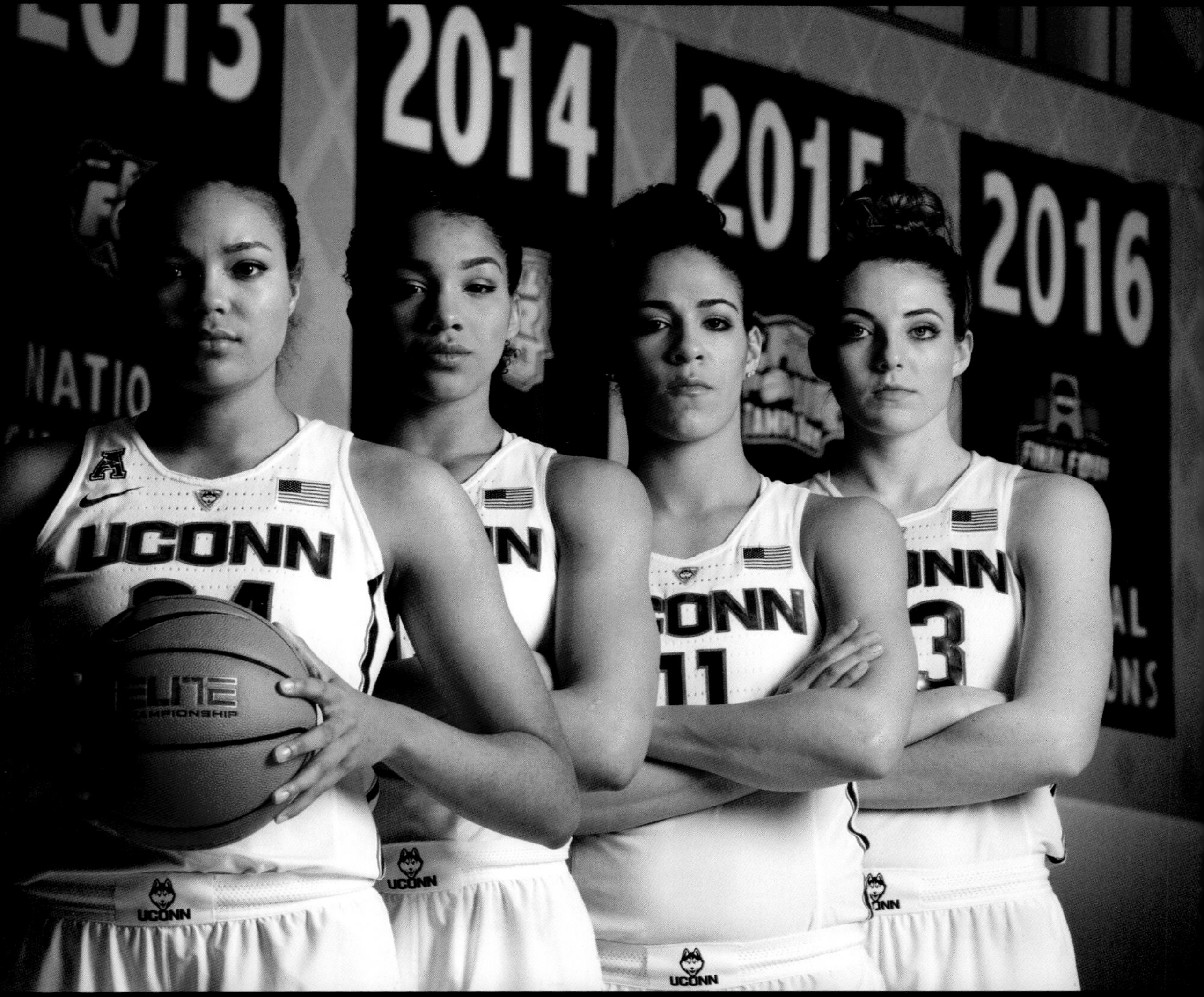
2014
2016
UCONN

我为那一个小时设计了4种设置，让球员们快速地连续转换场景拍摄。除了几个篮球和训练馆的几面白墙，我没有其他道具。但也还好，墙上挂着一排康涅狄格大学的锦标赛旗帜，地板上画着一只超大的哈士奇，这已经足够为照片带来一定效果。事实上，这已经绰绰有余。与我曾经被派往的一些堪称摄影"监狱"的地方相比，这个训练馆简直是个快乐的图形花园、图形元素的狂想曲。好吧，也没那么好。但它确实给我提供了可处理的元素，更何况还有那些优秀的年轻人。

我又听到了那个来自内心的声音——然后无视了它。

蒂姆为这项工作指派的编辑很好共事，反应迅速，很能鼓舞人。我们在工作前聊过一会儿，聊得不错，当然，她也像现在多数编辑那样关心预算问题。一天拍摄结束，她喜欢我那些作品！她唯一的问题有关其中一个设置，我愚蠢地让球员们咄咄逼人地对着镜头，却没从那个角度拍下她们更平静的表情。唉。

前面我曾提起在拍摄现场内心会有个声音向你低语。好吧，我又听到了那个来自内心的声音——然后无视了它，一脸凶狠地走开并快速前进。当然，这是编辑关注的一个方面，她问道："有个小问题，你是偶然想到在这个场景让球员把嘴巴闭上的吗？"

呃，难道我会让她们把嘴张大？啊！我当然没有让她们愉快地把嘴闭上。如果那样我就太聪明了！我本应该拍几张照片，让女孩们静静地看着镜头。这就是让照片拿不到A的小失误。

那是美好的一天，真的。工作在本地，安妮在身边，当晚还可以回到自家床上。照片编辑也很简单：放进计算机，选取照片，略做调整，大功告成。所以问题在哪儿？

什么问题都没有，真的。一旦接下工作并表示愿意以这种风格和类型——杂志编辑类——进行拍摄，就等于同意了整套做法。我们4个人开着满载的雪佛兰越野车来到了训练馆，用一辆四轮手推车和两辆两轮手推车把东西推进训练馆。然后把装备摊开，开始工作。但环顾四周后，我摇了摇头。我带了很多东西，这项工作也需要很多东西。最终我在地板上放了5个Profoto B4电源箱，每个都有自己的灯头。5套设备共投资约4.5万美元。然后是4盏Profoto B1闪光灯，约1万美元。而各种光效附件和器材，一共是5000～8000美元。

还没算相机这边呢。整套相机设备大概是4万美元，等于我把自己约10万美元的资产搬进了那个训练馆。我没有把东西租给杂志社。那是不可能的。我一天的收费是600美元，助手每人收费300美元，化妆师每人收费300美元。安妮尽管表现出色，但只以"GIF摄像师"的名义象征性地收费200美元。里程也计算在内，还有一笔850美元的数字捕获费用。整个交易总计3521.14美元。

此费用结构包含在一份更大的6页合约里，

作品许可费用

	经客户认定，JMP 将以日费作为报酬，按作品使用空间收费。	
	总创作费用（不包括使用空间费用，该费用待定）	$600.00
制作费用		
第一助手	1打包日、1拍摄日、1包装日，每日300美元	$900.00
第一助手	1拍摄日300美元 + 里程	$413.94
GiF 摄像师	1拍摄日（用于社交媒体）200美元	$200.00
化妆师	1拍摄日300美元 + 里程	$343.20
里程	2辆车按往返每车200英里计，共400英里，每英里0.535美元	$214.00
	数字捕获：数字图像文件创作	$850.00
	客户将接收并编辑JMP所选并经调整及优化之作品。若需额外 修饰，JMP将以每小时150美元收取费用	
	总制作费用：	**$2921.14**
总创作及制作费用	$600 + $2921.14：	**$3521.14**

（注：JMP 为作者姓名首字母。）

该协议可以让迪士尼旗下的 ESPN 几乎不受限制地使用我在指定日期制作的任何图像。交易结束。

就最近的合约而言，这一份相对温和。其中仍然有代表"按使用空间计算日费"这种传统支付结构的比例，即如果这一天的指定费用为600美元，而我受到上天眷顾，拍到了一张两页的跨页照和一张封面照，那么我将因为照片的使用而获得更多费用。但那天并没有发生这种情况。出版社的很多合约已经抹去了自由职业者的这种潜在优势。好比将来某个时候，你可能会接到电话："伙计，我们要在木星卫星的高速公路上印些广告牌，但你还是只能拿到那笔固定费用！"电话那头传来了咯咯的笑声。

在幕后照片中你可以看到 ESPN 的摄制组在拍摄我们和球员。这算在600美元的日费里：你和你的团队签署放弃文书，让他们在 ESPN 的电视节目上播出你的内容，如果他们认为这内容有娱乐性。

那天我出了点差错，后来才想起应该带一个更大的吊杆来把一盏灯放在天才4人组上方，于是无畏的林达（与我们工作室合作的本地自由职业者）在早上开着自己的车在我们启程后跟着把东西送了过来。那天她送货的日费是250美元。我的错。在本地工作总有这危险，对吧？你坐在车里开始想，好吧，也许我应该带上这个，或者那个，或者，好吧，这个我没带的额外项目可能会带来不同的外观……然后你的一部分日费就没了。你总不能因为自己的愚蠢或不安全感而给客户增加额外费用。

那天晚上，我带上所有工作人员去了本地一家不错的餐馆，显然这不是协议的一部分。这只是一件很开心的事。让团队成员开心，好好对待他们，他们会努力工作从而令工作成功。那顿晚餐让我当天的收入成了负数，但没关系。这是一份有点压力的工作，而我们做得很好。我们又一次冒险踏入了摄影那不确定的荒野并顺利归来。任务完成。

即便去掉那位额外的助手和下班后的晚餐的费用，仍然没有足够的钱来经营工作室，或维持生计，或购买设备、支付抵押贷款及学费，甚至是养活一只兔子。

编辑和我在这份工作中就预算有些争议，她大致说过她要应付两个阵营的摄影师。其中一帮人认为编辑工作在这个时代只是一张名片、在社交媒体吹嘘的权利、吸引商业客户注意力的出价。另一帮人则坚定地试图坚持一个概念，即他们能够以这种风格和类型的拍摄为生。在历史上、在当年，这完全是可能的。

我能否让它重回公关或社交媒体的焦点？

如今已时过境迁。基于商业和品牌的考虑，这更多地成了一种选择。从财务上考虑，我今天能承受多少损失？值不值得？我能否让它重回公关或社交媒体的焦点？它值得放进作品集吗？它能否从客户那里带来更多工作，比如封面照或者一些大项目？在这一次工作里，客户是 ESPN，我便赌了一把，看看继续这段关系能否让我被选中为 ESPN 的《身体特刊》做一个项目，就一个。

ESPN 是迪士尼的工具，目的是赚钱，与高知名度运动员建立进一步的关系，吸引人们对电影、主题公园或任何被认为时下当红的企业协同战略

的关注。换句话说，工作的知名度越高，其摄影师的选择、风格、实施方式、甚至地点就越有可能受到来自不同方面的各种压力的影响，而实际上这些都是由某种经济或营销上的指标决定的。

多年来，许多杂志在出版前都对其可能的封面图像和版面做过焦点小组研究。会议桌上的那些人说他们喜欢或可能购买用哪一张图作封面的杂志，嗯，那就是你看到的封面了。

正如前面提到的，这是忙乱但又非常有趣的一天，也是我真正喜欢的一天。像这样的工作需要你有各种各样的拍照和生存技能。拥有拍摄任务意味着你是有目的地把眼睛放在相机前，我一直觉得这令人兴奋。它让数字消失无踪。我抛开了那些令人沮丧的数字，纯粹地拍摄照片。

以下是照片和事件的时间线。

通告单

第一套设置（下图和对页）。一个大光源从侧边照射，从而突出所拍摄主体。地板上放有三角反光板，银色面朝上进行补光。白炽灯白平衡。后面有一道自然光照着那些海报。

第一张试拍，工作人员亲自上阵。球员们正在化妆。用上了闪光灯，但对环境的控制不够。自动白平衡。卡利若有所思，安妮则正设法让自己5英尺3英寸的身材看上去与那些球员接近，干得不错。

创造背光，切换白平衡，快门速度从1/80秒转到1/200秒。需要大量光线，因此用上了那些Profoto B4电源箱。这里用了长镜头。需要f/16的光圈才能保持从前到后都清晰。ISO值为400。

设置不错。开拍。看向镜头，看向灯光。

玩耍时间。

继续。时间在流逝。第二套设置，同样的灯光模式，但球员们更加靠近镜头。注意背景中有梯子的另一套设备，也已准备就绪。可以有几个篮球场来把设备摆开实在是太好了。

光线不错，但正如前面提到的，表情不行。不是她们的错，怪我。我应该让她们放松、做回自己，而这甚至用不了一分钟。

下一套设置，以及我当天最喜欢的一张照片（下图）。头顶角度，能看到地板上的哈士奇吉祥物。一道大的主光，暖色背景——此处便是地板。

摆出严肃、凶狠、霸道的样子，然后让她们玩一下。

当天的最后一套设置。有点蹩脚，但我还是拍下来了。这是我在指挥（右图），女孩们对着我在憨笑。

然后，以一两个傻傻的镜头结束。我爱这些孩子。

以及……我爱这份工作。是赢是输，或是平局，我都一直热爱这份工作。

纸质版的 *ESPN* 杂志已不复存在，但我还在这儿。

出租车上

现在与人闲聊时，不是被逼我都不会承认自己是摄影师。打开那扇门无疑会带来一次美妙的交流，但如果开了另一扇门，很快会让人筋疲力尽。一旦承认了自己的职业，你会发现和你说话的人"本来也会成为摄影师，但他只是没有时间"，或他有个亲戚或关系亲密的人也在搞"专业摄影"。

"噢，酷，你是摄影师！啊，我兄弟也是摄影师！他辞掉了办公室工作，现在改行拍照，你知道吗，这张照片就是他拍的，美丽花田里带茅草屋顶的旧小屋，真的很漂亮。你知道吗？去年他去了爱尔兰。我想要这张照片的大张照片，但他跟我说：'嘿，你懂的，如果我把它送人，我就赚不到钱啦。'所以他最后卖了一张给我，但比我想要的小一些。你知道吗？那些大一点的照片他一张要卖60美元。"

说这话的，就是当时"囚禁"我的出租车的司机。我们正在高速公路上，行驶速度使我无法打开车门一头扎进车流。我始终保持微笑，在他整段独白期间我只是不停地点头，而内心的阴暗面已经控制了我。我在心里对司机说："先生，请你把车开进对面车道，全速前进，给我来个痛快好吗？我现在困在这后座上，欣喜若狂地发现自己这一辈子的努力就是为了在这里搞懂你那小气鬼兄弟，而他甚至连一张几乎

可以肯定是可怕的风景照片的印刷品都不愿意给你。"

以上描述大概就是当时的情形，我一时兴起写了下来并寄给了本书的编辑，也没期待他会认真回复，但实际上他这样回复了我：

"乔，我觉得在这件事上你有点让'生活'变得更刺激了。整件事简直浪漫满溢，这就是卡蒂埃–布列松说的'摄影师的生活乐趣'。事实上……这样一想……也许我们一直误解了"决定性时刻"的含义。

我觉得特德——本书的编辑——有点东西。当然，这正是你需要一个真正致力于项目精神的好编辑的原因。

第 30 章

摄影：用光线书写，但首先要写在纸上

夜晚，博物馆。宏伟华丽的楼梯底部，一名保安靠在放着一盏台灯的简单桌子上睡着了。朴素而破旧的桌子在这华丽的艺术场所中显得格格不入，那里的墙壁上装饰着壮丽的绘画，镀金的天花板即使在夜晚也会发出金色的光芒。场景的整体色调是暗蓝色，室外街灯的光线正从巨大的窗户直泻进来。

一位美丽而神秘的女士疾速无声地走下楼梯，速度之快，长发和长裙都飘了起来。她刚刚偷走了大量珍贵的珠宝！

但是，灾难逼近。长裙在她身后飘起，碰到了一根展示柱上的半身像，雕像马上就要砸到地板上。背景里警报声响起，显然街上警察已经有所反应，警灯的红色闪光划破窗户。雪上加霜的是，仓促中她手上装满珠宝的皮包不慎打开，珠宝从包中跌落，在地板上四散而开。

她能否逃脱？

教学中经常有人问我，有没有什么入门建议可以给他们。尤其是那些年轻有抱负的摄影师，他们正面临着和谐欢乐的学习殿堂和试图攀登被称作专业摄影的那座疯狂悬崖之间的一段空白。

这是他们面临的严肃问题，所以我总是会热心、严肃地进行回答。但我也强烈地意识到，多数时候我给的都是陈词滥调。

"努力工作。"

"这是马拉松,不是短跑。"

"涂点防晒霜。"

"一定要用三脚架。"

"带上备用电池。"

"工作事无巨细。"

"不要用HDR,那是你在意志、才能、视角和想象力上彻底失败的反映,除非是商业工作且必须制版然后把它们组合起来,并且是客户想要的。"

"遵守三分法。"

"规则就是用来打破的。"

"牢记:你拿着相机踏入摄影世界并对自己的视野和即将创造的视觉信息满怀信心,但其实根本没人在乎。"

诸如此类。

我倒是给过一个非常严肃并有价值的建议,而且会让人有点意外。

"写好一点。"

啊?我还以为是必须把照片拍好一点。

还记得吗?在"信仰之跃"一章,我曾提到报社一般的运作假设是,如果你够聪明、精力充沛并能与人交谈,他们就会让你当记者。而如果你有驾照,他们就会让你当摄影师。

这是我的学校经历的延续。当时在雪城大学纽豪斯新闻学院,要顺利获得新闻摄影硕士学位,必须写一篇研究充分的长篇论文。当然,照片可以用,但论文的大部分必须是文字。学校的校长们显然认为,掌握摄影这门"黑暗艺术"的人不懂语言,交流时用的是只有"镜头教"的人才懂的行话。

换言之,我们必须证明自己能写出连贯的句子。在所有其他的课程设置中,例如新闻出版、杂志写作、公共关系或广告学,语言能力都默认是有的,所以那些人只要参加考试,就可以毕业并拿到宣告其硕士学位的那张羊皮纸。但我们学摄影的就必须创建一个由许多单词组成的学术文档,以展示对语言的熟悉。

我恳求那些寻求建议的年轻人多读书,了解世界和我们的生活与时代的趋势。我也建议他们去了解摄影历史、了解那些先行者,同时要贪婪地持续进行视觉上的搜寻、研究各种风格和流派。所有这些都将有助于大大提高坐在键盘前写些稍微引人注目的东西的能力。

我也敦促他们锻炼出海绵般的品质,一种从生活体验中全方位吸收影响的能力,并以此塑造自己看待事物的方式。这些变化可能来自文学、电影、音乐、童年创伤或愉快记忆。早年内化的东西可能会渐渐浮出水面,并形成一种拍摄方式。这些东西可能微妙、可爱,也可能荒唐骇人、不合时宜。透过镜头看世界时,我们本质上都是情感的综合体，而组成部分就是它们。

大学时我曾打过一份暑期工，担任一个项目的主任，项目内容是让高中生到雪城大学上大学的课程。我负责管理宿舍，理论上也负责他们的课外活动，并要控制他们不要在激素影响下做出的滑稽行为。我邀请了索尔·戈登博士来给这些欲望强烈的年轻人讲课。

走上讲台后他的第一句话是："所有的想法都是正常的！" 1974年的夏天我听他说了这句话，一直铭记于心。这是很能让人平静的一句话。

拥抱自己的想象力，即便它偏离轨道并转向奇怪的领域。要对身边万花筒般的世界有所察觉和反应，然后写下来。必要时，要能够根据需要对自己感兴趣的事物写一些有意思的、引人注目的东西，以此吸引其他人——那个有可能给你经济奖励的其他人——从而让心中的摄影火焰熊熊燃烧。

无论面对的是客户、编辑、补助提供者还是赞助人，要投身摄影领域，所有摄影师首先必须用文字就未来的项目写出一份有说服力的例证——也许还需要照片支撑，如果有照片的话。不过通常只有文字。你需要写一份计划书，表达清晰，或逻辑强而有力，或词句细腻传神，令人有将事情完成的愿望。通常你的文字需要比照片更早地去吸引客户，因为照片尚未完成，它们还在你脑中，需要用你的灯光来完成。你需要说服其他人——通常是预算紧张而且没有时间思考你需要做什么的人——把钱留下然后离开。这

你必须赋予这团火焰连贯、雄辩的声音，而不是眼睛水汪汪、胸脯一起一伏地呆站在那儿。

是一个艰难的过程。"你的项目"在你胸中炽热燃烧，但你必须赋予这团火焰连贯、雄辩的声音，而不是眼睛水汪汪、胸脯一起一伏地呆站在那儿。

回归现实。久负盛名的《国家地理》杂志掌管着新闻摄影的钥匙，长期以来一直是长期摄影项目的捍卫者和资助者，后来被鲁伯特·默多克全盘收购，后者是一名出版商。随后《国家地理》又与其他部分打包卖给了华特迪士尼公司，于是这著名的黄色边框（《国家地理》的标志）目前便由该公司管理。与漫威宇宙里那些变种人的下一次进攻相比，你认为你的摄影项目对迪士尼来说会有多少重要性？

现在比过去更艰难。我记得当时杂志社还比较有钱。曾经《新闻周刊》出了名不留情面的照片编辑约翰·惠兰被叫到总编辑办公室，解释为何有个杂志社的外派摄影师在国外一个有点麻烦的地方被捕。杂志社不得不出面为该外派摄影师争取释放，既费时又费钱，如今每一分钱都有人盯着。是否需要派人、资助项目或把人安排在现场，都得从各个角度进行评估。因此，能够表明你的研究深

度的细节至关重要。例如，法国既不是一个项目，也不是一个故事。它是个国家。然而，如果是一篇关于气候变化对法国葡萄酒行业影响的图片报道，葡萄酒行业是法国国家身份中心理、情感、金融和物质方面的巨大组成部分——这就是一个故事。在事实的佐证下，气候变暖的影响、葡萄的变化、出口额的减少、由此对货车运输和航运的影响、法国葡萄酒威望的全面下降、随之而来的对法国的那令人哀伤的文化打击……嗯，确实很有趣、有效、有画面感，并且与时俱进。编辑们在评估备选内容的创建时会在一些框框上打钩，而这一个故事把很重要的框框都勾上了。

对提案和你本人的审查也可能很激烈。即使面对着一片反对的声音，也必须对自己的想法保持信心。你需要为自己的想法辩护并解释其中的优点。要向坐在会议桌边的那一群也许不是太有创造力的人解释你的拍摄想法，可能会很痛苦，你可能会有种满屋的人都穿着衣服，唯独自己赤身裸体的感觉。但你这么做是因为你太想要得到那样的照片了。

为了创造和保持业务，你需要将人们打动、说服，甚至需要在使用照片之前，就已经先用文字做到这点。

我曾被邀请作为全球 4 位摄影师之一，为尼康 D850 的发布做图片介绍，这是当时一款全新的数码相机，将跻身有史以来最好的数字成像设备队列。我负责时尚部分，在新加坡的创意人员要我提供故事大纲。他们的要求如下。

即使面对着一片反对的声音，也必须对自己的想法保持信心。

任务

• 提出 2 ~ 3 个能代表高分辨率和高速度相结合的想法。

• 写出你自己的"我是"这句话，和视觉资料放在一起。

可交付成果

• 有关 2 ~ 3 个想法全面的书面和视觉上的描述（他们重复了在"任务"中说过的内容）。

• 1 份包括后期制作的主视觉资料（人像和风景格式）。

• 1 张包含你和你的签名的个人资料图像。

• 5 张花絮片段（主视觉资料的弃片，非幕后照）。

我创建了 3 个场景：一个在沙漠，一个在屋顶，还有一个被选中，后来被称作"高级时尚盗窃案"的场景。简单几个字启发了照片的所有内容，也引出了这一段故事。

无论是楼梯上的美丽飞贼（从构思到撰写只花了 10 分钟），还是早年我读过的伊恩 • 弗莱明

风格和灯光的感觉：神秘，优雅，黑夜里的危险行为。

　　几个琐碎的段落开启了我生命中最重要的工作之一。新加坡的创意人员批准了这个概念并雇用了我这个在美国的摄影师，然后联系了一家德国机构，后者又雇用了一个加拿大的摄制组。场地勘察人员提供了大量选择，主要在欧洲，那里有许多大博物馆。我们现在形成了一个由数字技术捆绑在一起的小小世界。很快，所有这些不同的人才和拼图碎片都来到了布达佩斯。现在我得为整间博物馆照明。客户、工作人员和多个摄像机面前都要。需要的光线太多，我们只好从慕尼黑用卡车运来闪光灯和其他器材。

写的007小说（那是我年轻时想象的主要内容，并启发着我的思维朝着这个方向发展），又或者是后来读研时的詹姆斯·邦德电影课程（从肖恩·康纳利还是一个温和、矛盾的刺客开始），都让我想到了一种也许需要加以利用的抑郁的舞台

在这样的大型工作里，你就是风暴中心。你在指挥着灯光、动作和舞台。从三脚架的摆放位置，到服装的最终选择，都由你定夺。你组建了一个伟大的团队，可以得到才华横溢的人给你的大量帮助，但同时门上挂着的也是你的名字，拍摄的最终责任仍在你身上。这是个要持续好几天的压力旋涡。

草图、指令、准备工作和装配最终都已成熟。必须开始实际拍摄了——经典的"好吧，要像素就给像素"时刻。这令人胆怯。这是一扇要通过的大门，是要强行突破的又一扇门，因为你必须继续冒险，将自己拥有的所有才能不停推进。名为疑虑的这把手提钻正在穿透你的头骨，但表面上你不能表现出信心、勇气或解决方案的缺乏。将照片构建出来，将问题逐个解决。每一分钟你都得处于"工作中"，因为是你在拍摄照片，你也是最重要的幕后的主体：整整一周你都会被录音，摄像机在不断地对着你，人们也在不停问你能否将指令重复一次或解释一下，打个喷嚏、放个屁或流滴眼泪都会被记录下来。

将别人给你任务或资金的重要性及必要性进行有效描述的能力，就和像素一样重要。

在这份工作中，出自我想象的内容虽然愚蠢而短暂，却带来了我职业生涯中最重要照片之一。多亏了我毫不害臊地把自己的想象写了下来并提交上去：几分钟的华丽而疯狂的构思，最终让30多人忙碌了大约一周。

这次任务用上了我在镜头前的所有经验和技能。压力很大，但很美妙。这是冒险书上的崭新一页。

中间人

我在卢旺达工作过一段短暂的时间，在那个国家的最后一天，我本应从基加利飞往内罗毕，但那天一大早航班就取消了。我的中间人汤姆是乌干达人，他告诉我可以从乌干达首都坎帕拉附近的恩德培机场搭乘夜间航班。我们有足够的时间开车去到那里。和工作中的常见情况那样，说比做容易。

汤姆在整个旅途中很冷静，不停地谈判和解释。我保持着安静，点头、出示文件，同时希望脸上没有透露出内心的痛苦和恐惧。我们到了机场，停好车，然后进去了。我买了一张单程票，然后和汤姆坐在一起，为他的出色服务付了酬劳，并感谢他的善良和辛劳。

要明白，这一切都发生在英语作为越来越普遍的通用语言而无所不在之前、在计算机的猛烈冲击之前、在电子邮件和手机相对来说还处于萌芽阶段的时候。旅行中我带着的是记事本和钢笔，而不是笔记本电脑。没有社交平台和无限制的短信，有的只是酒店里吱吱作响的费用高昂的旋转拨号座机。我和家里任何人都没有联系，家里没有人知道我每天在做什么。就一天中正常的交流来说——在车上聊天、观察——只有汤姆。

握过手后，他便沿着机场走廊走了出去。大厅尽头有几扇大的窗户，在明亮的逆光下，他很快成了一个剪影，然后只剩下一点微光。我坐在大门附近破裂的塑料椅子上，意识到自己刚刚告别了世上唯一知道我在哪儿的人。

那是 12 月。机场响起了节日的旋律，也许是宾·克罗斯比，也许是那首《白色圣诞》。我凝视着前方，从未感到如此孤独。

第31章

因摄影而结缘

我曾写过与这张照片相关的内容（对页）。在《热靴日记》里我把它用作滤镜的例子，以及介绍如何在热靴闪光灯上用绿色滤光片和在相机镜头上用相应的洋红色滤光片呈现正常的肤色，同时清理布满城市的荧光并拍出悦目但普通的日落，让它看起来像塔图因星球（出自《星球大战》）的傍晚。绿色滤光片=30号洋红（可根据品位调整）。这是胶片时代必做的两个步骤，但随着数码技术、像素、Photoshop、插件、可选颜色以及数不清的其他技术的出现，我们基本抛弃了这种做法。拍摄这张照片的时候，我还在用着实体的、相对不可改变的Kodachrome胶片，所以有必要在镜头前解决色彩问题。

这张照片的制作技巧没有重述的必要。之所以把它再拿出来，原因有几个，但不是"把灯放在距离拍摄对象10英尺以外的地方，这种光源会产生强光效果并带来对比和阴影，因为它相对于拍摄对象来说尺寸很小"这种行话。

没必要讲那些。对于这张照片，真正要讲的是信任。嘿，等等，我还以为要讲的是色彩，或者像素，或者镜头？！

不，是信任。

很久以前我就根据丽塔的头像照挑中了她。我不认识她，她也不认识我。她在那些广为传播的模特照中光彩照人，但当你在一堆卡片前选

RITA PERRAULT

角时，你只能默默祈祷：模特和经纪公司交来的照片虽不至于误导人，但为了展示其最好一面，往往都经过高度修饰。打个比方，我们都见过那些酒店宣传册，在漂亮充足的光线下用14mm镜头拍出来的豪华房间让人感觉可以在里面来场足球比赛，实际上那只是一间可以看到垃圾箱的杂物室。纯粹打个比方。

选角提示：让你正在考虑的模特给你发几张当前的快照。现在的手机那么厉害，这很容易做到。

在1988年则完全不可能。我喜欢丽塔的头像照，便预约了她。勇敢、漂亮的她过来了，上到屋顶，然后去到那条消防通道。她非常努力，在15层楼高的风中坚持着，为我摆出一个又一个造型。相机前的你又怎能不对此赞赏有加呢？

这就是摄影意想不到的美妙乐趣。我上到那个屋顶是为了拍张照片，不是去结交一个一辈子的朋友，压根儿没想过——拍一张，完事，干得很好，非常感谢。但也许是由于在她站在危险的高处时开的玩笑，我和丽塔成了好朋友，这份友情持续至今。她经营着自己的一家名为"REP管理"的小机构，多年来，如果需要模特，我就会去找她。我们彼此相熟，她甚至会在接到我的电话时发出啧啧声并调侃我。

在她离开模特行业后——有段时间在经营一家叫作丽塔汉堡的餐馆——我仍然会缠着她获取拍摄方面的帮助，因为她在镜头前总是那么古典优雅。例如，我让她做模特为《国家地理旅行者》拍摄一个关于纽约的大博物馆的故事。她全副武装地来到现代艺术博物馆帮我的忙，在那儿研究艺术品。为《国家地理旅行者》这样的杂志拍摄这样的故事，能有高手来帮几个小时忙，实在太方便了。

作为朋友，我们在人生旅程中相互扶持。通过丽塔，我认识了后来成为她丈夫的龙尼，丽塔、龙尼、安妮和我有时会来个4人约会。在我还在

追求安妮的时候，我们会一起去格林尼治吃晚饭，之后沿着第六大道向北走，安妮和丽塔手挽着手走在前面。走在后面的龙尼挽着我的手，给了我那个亘古不变的男人间的建议："安妮是可以长相厮守的人，别搞砸了。"

丽塔常说我是她最喜欢的摄影师，所以她邀请我为她的婚礼拍摄是自然而然的，我也很乐意。她希望全程是黑白模式和自然光——一场 Tri-X 的婚礼。

当然，她是一个精致的新娘，这场婚礼的拍摄很容易。考虑到他们在摄影界和餐饮界的显赫地位（龙尼是著名的宴会承办商和主厨），他们很自然地选择了一个令人惊叹的宴会场所——工业超级工作室，纽约最早的摄影棚之一。这个地方有你能想到的所有器材和灯光设备（相信我，我很会想象）。我征用了一面无影墙和 6 盏 2400 瓦秒的 Speedotron 闪光灯，将几把柔光伞套在 12 英尺长的丝绸里制作了一个巨大的灯箱，然后进场拍摄婚礼上的人群和个人。当然，我已经把一切

考虑清楚了，并带上了我的富士卡全景 617 相机，装上了中画幅黑白胶卷。充分的光圈、充分的锐度、无影墙的一角，以及一张我最喜欢的结婚照，这对羡煞旁人的夫妇是我多年的朋友（上图）。

这么多年后，经历过人生的风风雨雨，我们仍然是朋友。我请她为这本书再做一次模特（对页），于是，当然，她选择了一个优雅的地方。

又一次上到屋顶（好在这次是露台而不是可怕的消防通道）。

又是一条漂亮的围巾（虽然没有第一次时在风中凌乱的那条那么大）。

你有否思考过成为一名摄影师要花费多少运

气？时间不会停止，但我们的时间除外。我们手里的快门就是一个时间停止器。每个人都在拍照，尤其是现在。他们孜孜不倦、不分场合地记录生活：瞧瞧我早餐吃了什么！我承认我毫不关心。

但是当你掌握了相机的使用方法，能够有效地将它对准重要的事情，你写下的故事将会多么美妙！你拍摄自己的生活、身边的人，成为其人生那块织锦的一个部分。照片是人这棵树上的年轮，标志着时间、生命与成长。若不是因为照片，某些想法、感觉和人生时刻可能都早已消逝。还有你的那些拍摄的对象，你把他们的名字永远地写了下来。

照片更像是洞穴壁画，以图画表达思想、时刻或场合。向人们讲述是一回事，而展示给他们看则是截然不同的另一回事。

告诉我，在看着自己生命中重要的一天、一

照片是人这棵树上的年轮，标志着时间、生命与成长。

个时刻或一次郊游的照片时，难道你无法再次感受到同样的微风、闻到食物的味道、听到海浪的奔腾吗？无法重温那一天、那一刻的惊奇、恐惧和焦虑吗？

朋友对话时经常出现的那句话："记得我们以前……"

你记得，是因为你拍下了照片。

我透过镜头看到的许多人变得如此珍贵，他们丰富了我的生活，点缀了我记忆的阁楼。

我的好朋友唐纳德（上图）已经驾鹤西去。这些年来我拍过他很多次，我们因此变得很亲密。唐纳德总是跟我说："乔，我入土那天，世上所有音乐都将停止。"看着这张照片，我又可以再次听到那段音乐：周五的晚上，Tiny's 酒吧，他搂着爱人在舞池里旋转，他的"咖啡杯"里龙舌兰酒的香气，他说话时刺耳的鼻音。

德鲁·穆尔（上图）也已不在了，他曾效力于多支 NFL 球队，并一直称我为教练。这张照片里洋溢着的是他的善良天性、硕大的块头、宽广的胸怀。他去世的时候，我脑中本还有着一个为他而设的拍摄构思——拍摄得往后延了。

第一次给莎伦拍照（下页图），我让她把所有衣服都脱掉。我的意思是，她事先是知道的，我没有在影室突然对她说："嘿，想拍几张裸体照吗？"不是这样。

在1996年《生活》杂志以奥运选手的裸体为主题的作品集里，她是我的第一个拍摄的对象。我追求的不是色情内容（嘿，这可是《生活》杂志），而是奥运选手身体的美，是这些状态极佳的选手那惊人而又令人梦寐以求的身体结构。同时我也在关注艰苦的运动训练会如何在运动员身体上留下印记。

自一开始莎伦就给予我信任，我会永远感激她。这次拍摄并不容易，因为我不切实际地以为可以在一台8×10相机上完成整个项目。部分莎伦的镜头是用它拍的。幸好在这次拍摄之后，我了解到了8×10相机是如何让拍摄时间延长，并且在计算光圈时对对焦和闪光灯功率过于苛刻，便放弃了大画幅的想法。但8×10胶片的优雅与可爱毋庸置疑。

优雅、可爱的，还有莎伦。她热情洋溢，脸上挂着包容一切的微笑，我知道一定会再次与她合作。在为《国家地理》拍摄一个讨论人体机能的故事时，我瞒着编辑在纽约租了一间影室，花了几天时间创作了一些海报般的照片，内容是美丽而强大的人类。我拍了一些舞者，然后拍了莎伦。作为3届奥运会击剑选手，她完美地体现了我想要描绘的轮廓分明的女战士形象。

后面有人问我："嘿，乔，布景一团糟，你干吗不清理一下？"这当然非常可行，但我没这么做。我是特意这样取景的，这是当天莎伦看着镜头"指挥的"。透过取景器为这样的人物取景时，你有否感受到那种兴奋感？是否觉得自己拥有让相机获得完美结果的绝对特权？我完全成了执行人，在她宛如从奥林匹斯山上看向镜头时，一次又一次地按下快门。实话说，这是我第二次给她拍照，也是我第二次让她脱去衣服。她只是对她的摄影师朋友摇了摇头。

然后是很完美的一个简单镜头，她的微笑恰如其分地成了焦点，而不是她拿着的那把花剑。

她在拍完这张照片后跟我说我一定是走神了，因为她的衣服还在身上。

我向她表示希望她成为这本书的一部分（对页），于是她翩然而至，优雅、美丽，一如往昔。

时光如白驹过隙，友情却历久弥新。记忆在小小的矩形中封存，照片便是生命旅行中一个又一个的里程碑。

思考一下，感受一下。相机并不仅是一台干巴巴没有生命的机器：器材、线缆、镜头、配件，相机似肌肉般柔软，如感觉般易变。在最好的日子里，相机不仅仅是在描绘表面，它能看到并感觉到你镜头下主角那颗跳动的心脏。

第 32 章

我在想什么？

最近的疫情为许多遐想、反省和思考提供了时间，我也终于有时间面对工作室楼下会议室里那些散落在乐高文件柜里上千（1磅 ≈ 0.45 千克）的透明胶片、负片和照片，不走运的那一批塞满了淡褐色的橱柜。相册里满是 Kodachrome 胶片：有些值得借鉴，有些令人尴尬，有些令人笑中带泪，有些令人惊讶且暖心。有些之所以得以保存，是因为我的职业生涯始于小报，那里的储存原则是"将一切存档"。

终于，是时候做一些事了。这场流行病很可怕，但每个人头上那片乌云的背后也总会有细微而不同的一线亮光，于我而言，则是在家的时间。是时候写一本书，看一些照片。是时候感到吃惊和困惑。是时候歪着脑袋高兴一下，比如，"哇，这很好啊，未能发表太可惜了。"是时候对自己一直能得到工作任务而感到不解，比如，"天哪，这

照片太糟糕了。"是时候考虑遗产问题。是时候对照片进行思考，想想在当时这是多么重要。是时候想想自己最终将于何时放下相机。会否有人记得我也曾举起相机？

我们在宇宙中的位置——沉思。请翻过这一页，继续往下读……

第33章

如何让照片具备标志性、重要性并被人铭记于心

看开一些。这事由不得你。

"标志性的"（iconic）一词的定义是"像偶像（icon）一样"的东西。这并不奇怪。此外，在日常用语中，iconic这个由icon拓展而来的形容词通常被理解为"被广泛认可并深入人心"或"格外卓越"。遗憾的是，它经常被用来描述照片。更遗憾的是，我曾听到一些摄影师称自己的作品为"标志性的"。我在一些博客看到那些摄影师说过类似的话——认为他们的某张或多张照片会作为他们"最具标志性的"照片之一而被人们牢记。

好吧，等一等。

让我们来玩个关于标志性的游戏。我提供一张照片的描述，你在脑海中把它想象出来。猜中无奖，抱歉。但这游戏简单不费劲，且有潜在启发性。

在一次凝固汽油弹袭击后，被严重烧伤的小女孩跑在小路上。

明白了吧？根本不需要看照片。

大萧条时期一位流离失所的母亲，她的孩子们紧紧地抓着她，她的脸上满是忧愁和痛苦，眼神黯淡。

我们马上就知道是哪张照片，那位母亲脸上的痛苦已经刻在我们脑中。

第二次世界大战结束时，一名水手在时代广场亲吻一名护士。

每个人记忆中都有这个画面。

甘地和他的纺车，一张体现了甘地的精髓的照片——你见过，也知道是它。

一位可爱的年轻女士站在岸边的岩石上,背景是日落的天空,用了两盏闪光灯,TTL模式,一盏透过柔光箱从相机左侧在前面打光,一盏设置为–1 EV,带暖色滤光片,从背后照向她的肩膀和头发。

这个,我见过,我知道它……对,嗯……我觉得,我见过这个……满街都是。

说得没错吧?我们马上就在脑中显示出了那些著名的图像。无须展示,它们已被刻进我们的集体意识、我们共同的视觉历史。它们是情感的试金石,引发我们的喜悦、悲伤和思考,与某个我们无法忽视的、充满人性的重要时刻有内在直接的关联。即使照片已拍摄多年,它们仍然在我们的脑海中和心中栩栩如生,因为它们深刻地反映了生活。我们现在看着它们,记得它们。100年后,人们仍然会看着它们,记得它们。对它们的反应也会一样:打在肚子上的一记重拳、扇在脸上的一记耳光、心头的共鸣、会意的微笑。

但很难将最后那个例子代入进来,你很困惑。让我们来看看:年轻的女士、岸边的岩石、精致的闪光技术……嗯……是在Flickr、500px、社交平台上见过吗?还是在哪个摄影网站或读过的摄影闪光指南上见过?事实上,在所有这些地方你都看到过,甚至可能同时看到。

但你无法准确指出在哪儿见过,因为你已经见过10000张类似的照片。我自己也拍过一堆这样的。它们很漂亮,就其本身而言,这很重要。它们代表着工艺知识——也很重要。它们具备良好的色彩、色调、饱和度、出色的表面工作和完美无瑕的后期制作。干得好!精彩!我从没想过把灯放在那里。酷!

但它会在你的心中留下吗?还是像吃了只有豆腐和豆芽的一顿饭,过一小时就饿了?这种照片就像在一号码头家具店打折时买的壁炉装饰品——从远处看,它们很漂亮,给房间增添了情调或氛围,但如果不小心掉下来摔碎了,就不值得花时间粘起来。再买一个即可。

换言之,它不是祖母的那颗水晶。

祖母的水晶无可取代。它不只是看着漂亮,还带有记忆的力量、时间的传承。捧它在手上,可以听到祖母的声音,感受到她在吻你、拨动你的头发时她皮肤的触感。这颗水晶满怀着感情与美丽,成了你内心的一部分。

真正标志性的照片亦是如此。它会停留下来,就像奔腾溪流中一块重要、雄伟、不会受到侵蚀的岩石。无论经过多少年,有多少生命在周围穿

梭不停，它始终不为所动，从未被磨平或屈服，边缘一如既往地锋利。它具有持久力，它并非消耗品，而会经久不衰。

当摄影师为自己的照片加上"标志性"这个标签，我们至少可以立即知道几件事。

首先也是最重要的一点，这些照片十有八九不是标志性的。

其次，夸下海口的摄影师知道第一点。

因为事情是这样的：如果你拍了一张标志性的照片，不必将它挂在嘴边，照片自己会大声而清晰地说明这一点。非常感谢你，但照片自会拍打胸脯宣示自己的威力。闭上嘴，不要妨碍它发挥它的影响力，你说的任何话都只会把水搅浑。标志性照片的本质无言地与我们的灵魂紧密相连，华丽的空话只会画蛇添足。

摄影师有一种自然的、可理解的恐惧，我们害怕自己的作品被遗忘或不受重视。我们害怕变得无关紧要或被人抛之脑后，就像许多人害怕死亡一样。这会让我们变得喋喋不休。你肯定听过

摄影师说这样一句话："关于我的事情讲得已经够多了，下面让我们谈谈你对我的作品的看法。"所有带着严肃的意图拿起相机的摄影师都想在"被记住"这个框中打钩。这很自然。我们疯狂按下了这么多次快门，如果除家人以外真的有人记得其中一两张照片，我们会很高兴。但是，一如摄影师面临的许多事情，这也是我们无法控制的。

几年前，我在圣达菲著名的门罗画廊举办了

一场展览。我年纪够大，拍摄时间也够长，可以称之为回顾展。锡德和米歇尔·门罗夫妇是不可思议的人物，精通摄影的历史，深知摄影在我们生活中的价值和重要性。能够在他们画廊珍贵的墙上挂上我的照片，是我职业生涯的一大荣誉。

但我确实记得，站在画廊里，周围是自己精心策划的最好作品的样本，我心里想的是："就这？"墙上大约有50张照片，代表我在这领域40年的工作，嗯，就这样了。我当然很高兴也很自豪。但我也……嗯，也许困惑是个贴切的说法。我的笑容在那一刻虽不完全是懊悔，但也早已没了那份喜悦。墙上有相当多的遗憾：那些印刷精美的好照片也在提醒着我那些错过的更好的照片、那些遇到过然后离开了的人、那些我太过专注于见证别人的生活而忘记了自己的生活的时候。墙上挂着的，是在我脑海和心灵中隐约还能听见的回声。

展览备受好评。我对艺术界不太了解，但知道有些小而强大的期刊里面的评论家可以赞扬或批判一个艺术家并有很大影响。其中一位评论了我的展览，门罗夫妇对此很激动。那是一份确实有一定分量的重要艺术出版物给出的非常积极的评论，我读过并始终记得评论家非常敏锐的判断。他说："照片令人难忘，但不算标志性。"

他是对的。

这句话实际上也让我感到暖心。照片令人难忘，这很棒。这意味着，在拍下照片的那一天、那一瞬间，我以不同寻常的热情（或者是强度，或者是专注）完成了我的工作，按下快门的不是我的手指，而是我的心。当你得到了自己追求的东西，当你的想象明显并真实地充满了画面，这些时刻确实激动人心，甚至时隔多年依然如此。我也在这本书的页面上写下了其中一些难忘的时刻，以及这段胡言乱语。

实话说，前面所说的标志性照片是高不可攀的，极少有摄影师能达到那种高度，但这并不意味着职业生涯就此浪费或者变得无关紧要。摄影师的人生，是奋斗的一生，而大部分努力其实都是为了解决谋生这一基本问题。这听起来平淡无奇，因为这个职业常常与夸夸其谈和制造神话联系在一起，让人觉得它比空气还轻，笼罩在只有少数人了解真相的神秘之中。"我和我要拍摄的对象待了一段时间，他们完全信任我，令我得以隐去身形，只用相机记录一切，那天的照片将作为对本质真实的有力证明而千古流传，永远回荡在时间走廊上。"或者，"她转过身，镜头前的回眸

> 即使是在真正伟大的摄影师的生活中，天使充其量也只是偶尔坐在他们的肩膀上。

凝固了时间与空间，那是种传奇的美，而我的相机成了她的伙伴，转瞬即逝的激情得以记录下来，凭借我的摄影技艺而永恒不朽。"

　　我有个朋友是《国家地理》的长期编辑，偶尔会跟我提起一位非常有才华的摄影师，当这位摄影师的照片出现在编辑屏幕上，他就会开始用莎士比亚的语言描述照片的伟大，唯有那些对其意图有更深的理解的人仔细观察照片才能发现，当然一眼是看不出来的。他们需要认真研究，才能看出照片与艺术、科学、文学和人性本质之间错综复杂的联系。然后他每次都要用一句"你明白我的意思吗？"来打断或恢复讨论。在这些冗长的演讲过程中，我的编辑朋友，一个读过太多间谍小说有着暗黑想象力的人，会想象自己正歪着头，脸上挂着邪恶的笑容，眼里闪着邪恶的光芒，在看着这位盛气凌人的摄影师的同时，慢慢地从腰带上扯出一条钢琴丝。你明白我的意思吗？

当然，镜头前也会有精彩。但对我们大多数人来说，包括我自己，带着相机去工作就像是去上班。我们有着一份工作，也希望把工作做好。凭着专业精神我们迅速行动，满足客户需求，用令人满意的结果取悦拍摄的对象。回家后，将图像下载，和家人一起吃晚饭。然后做一些后期制作工作，再把图像和账单一起发送出去。不太值得纪念的一天到此结束。

我们大部分时间都是如此。

即使是在真正伟大的摄影师的生活中，天使充其量也只是偶尔坐在他们的肩膀上。正如我一直指出的。这也是为何当你去看业内某个伟大人物的回顾展时，往往只会看到30～40张照片。这是因为在他们的一生中，他们目睹了真正令人惊讶的少数瞬间，并凭借自己的勇气、敏锐和头脑将相机举至眼前。优秀的、有目的的、有用的照片——这些一直都在出现。引人注目的、让人瞠目结舌的、令人心碎的照片——我们都希望在摄影生涯中能够遇上。真正伟大的、标志性的照片，建立起我们视觉记忆的那些，无需解释或由公关人员讲解为何它们对眼睛有好处的那些，则与印第安纳·琼斯追寻的法柜无异。

放松点。要记住，对别人来说不是标志性的东西，对你来说可能是。那会是一张具备意义的照片，即使只是个人意义。一个转折点，或是拿下了一个客户，带着相机踏入全新空间的瞬间，所爱之人的影像，这些于我，便是标志性的照片（下图）。

对其他人来说，这张照片算不上是标志性的，虽然大家都会喜欢（他们最好喜欢，这可是我的宝宝）。这是我的大女儿凯特琳，正试着站起来走路，可能是6个月大的时候。她做不到，但她在努力。凭直觉，她知道要走路，而抱着那份决心的小小的她也触动了我这新手父亲和摄影师的心。光线、小T恤和尿布完美组合，脸上还透着光芒。这张照片也在我心里闪耀。如果真要逼我在拍过的成千上万张照片里选出"我最喜欢的照片"，这当然是其中之一。这是一张很私人的照片，尽管我没有这么说过，但它对我来说是标志性的。

同样，在很久以前拍下安妮的这张照片（右图）时，她正带着美好的目标大步走过杜鲁门号航空母舰的甲板，而我已经无可救药地爱上了她。我想自从在澳大利亚悉尼奥运会上隔着尼康专业服务柜台第一次见到她，我就爱上了她。我是一个注重视觉的人（什么意思自己去猜），自从在那儿见到她，我脑海中和心中已经为她拍好了个人形象的快照。我记得自己曾想过，要邀请这么漂亮的女士和我约会那是毫无希望的，我是癞蛤蟆想吃天鹅肉。

结果她竟然同意去喝杯咖啡，然后——不可思议、妙不可言地——答应与我共度余生。我们经历过许多冒险，其中一次难以置信的冒险是成为夫妻后的我们在航空母舰上被"困住"，然后被弹射出来。我记得和她一起坐在COD（航空母舰舰上运输）飞机上，地勤组长拉响警报并大喊："准备好了，准备好了，准备好了！"还一起快乐地跳着舞。然后，嘣！我们飞上了天空。

以几乎和她开车时速一样快的快门速度捕捉到的，我的真爱。

她聪明美丽，内心深处有着蠢蠢欲动、不可抑制的冒险精神。随着时间流逝，这种精神令我们的爱更加丰富、深沉。这张真正的私人照片捕捉到了安妮的本质——风中飘散的头发、准备就绪的相机，在陌生环境中自在从容并陶醉其中。这是一张对我个人而言的标志性照片，以几乎和她开车时速一样快的快门速度捕捉到的，我的真爱。

不久前，一家摄影刊物出版机构让我给年轻摄影师时期的自己写一封信。回想当年，自己投身摄影这一战场，陷入与其他摄影师互相比较那自尊心作祟的死循环，想知道谁得到了什么工作而为何自己没有，担心着能否付清账单以及自己在整个摄影事业中的地位，不顾一切地想要让人眼前一亮、建立事业、给编辑留下深刻印象、得

到报道工作，然后屏住呼吸等候来电，等候一份等待了多年的、能让所有人看到自己隆重登场的工作。工作任务，通往"标志性"的国度的门票。奇怪的是，这些焦虑和渴望并没有使我筋疲力尽，我仍有力气偶尔按下快门。

信是这样写的。

那么，经历过这一切之后，我会对年轻时的自己说些什么？

噢，你知道的，还是那些话。尽量不要担心，即使事情本身令人担忧。在金钱方面要节俭、保守，虽然做这行需要冒一定程度的创业风险，头脑稍微清醒的从业者会了解这完全不切实际，是的，甚至是彻头彻尾的鲁莽。

要我说，放松一些！虽然一点天气变化就会对拍摄预期造成猛烈冲击，让这职业或多或少充斥着环境焦虑（这在办公室工作中并不多见），还是要放松心态。要适应这些不确定性！我会这么建议。像素森林里潜伏着许多看不见的危险。

但是，最大的危险潜伏在你自己身上。

所以，别自以为是！这是许许多多摄影师都处理不好的重要问题。面前铁证如山，随意一些、投入少一些，或许对自己更有好处。要记住，口头上表示你的照片很优秀的人很多，认真支持你的人很少。外面的世界很艰难。

我参加过许多真正或自认为的著名摄影师的聚会，在鸡尾酒和越来越节约并令人失望的冷盘之间，总会听见人们念叨着我们所做之事"很重要"。

你的脑中和心中仍然存在着那一线希望的亮光，兴许下一张照片便是命中注定的那一张。

（第一次为《国家地理》做封面故事的报道时，我举办过这样的聚会。那里的摄影师有为封面故事报道举办聚会的传统，我也尊重了这一点。这在当时是必要的。第一次的《国家地理》封面故事报道让我忘乎所以，我做过了头，光是虾和伏特加浸泡的沙丁鱼就花了1000美元左右。慢慢地，这些封面故事报道聚会迅速衰退到盒装葡萄酒和丽兹饼干的地步，从此也再没人遵守这一传统了。）

当然，我们所做之事非常重要，我们记录着大大小小的视觉历史。但是，在我的脑海中总是

浮现出一个警告：如果我们所做之事如此重要，为何请我们做这些事情的人对我们如此恶劣？除了封面故事报道聚会变得越来越单调，还有合同的降级和裁员。为何我们这个群体如此困扰？为何我们的价值在持续不断被贬低？为何委派任务时第一句话总是"我们实际上没有预算"？这个行业一直很艰难，并且越来越甚。

我有个建议，放手吧，开心些。要意识到摄影师的自尊只是沉重的身外之物，堪比拍摄时随身携带的巨型三脚架。得到荣誉时，泰然处之，但不能沉溺其中。不要把那些说你是位了不起的摄影师的新闻剪报放在心上。这对你来说应该不难做到，因为你是唯一看到你的那些废片并了解它们有多糟糕的人。

然后，在合理的程度上，不去关心费用、截止日期或不切实际的期望。这些现实问题会让你的精神变得痛苦、让你的像素变得枯萎。对所有这些都要放轻松，因为摄影本身并非总是充满沉重和黑暗的情绪。可以陶醉在你的快门声中——这是"我是摄影师！"这句话最末的那个感叹号。要明白，当别人坐在计算机前工作时，身为摄影师的你仍然需要行走。今天你用相机所做的事情几乎肯定是无关紧要的，要接受这一光荣事实，但你的脑海中和心中要仍然存在着那一线希望的亮光，兴许下一张照片便是命中注定的那一张。

事情的美好之处在于，每次拿起相机，就会有下一张照片，而它有可能是……标志性的。

第 34 章

结束语

过去的 2 年间，我一直在写这本书；过去的 5 年间，我一直在想着它；而过去的 40 年间，我都在为它而活。摄影师的生活主要是爬过"安全栏杆"向外张望，然后望向更远处。我们一直在不明智地这样做，尽管事实上那里经常没什么可看的，或者是令人失望、无关且单调的，几乎不值得付出任何努力，更不用说为之冒险了。但我们一直在这样做，在没有成功、安全或报酬的保证下，一遍又一遍地这样做。因为那里可能有照片。可能性虽不大，但还是会有。这种诱人的可能性是激发摄影精神的无穷无尽的燃料，让你爬过栏杆，即使逻辑跟你说应该待在原地。

爱尔兰桂冠诗人谢默斯·希尼口才了得，对人类状况的理解也很深刻，他可能无意中写下了对摄影生涯最好的描述。那其实就刻在爱尔兰北部他的墓碑上。

"知其不可，行走空中。"

愿每个人都拥有爱与光。